世に資する

信号電材株式会社の50年

Itonaga Kouhei
糸永康平
［編著］

石風社

信号のある風景

信号電材（SD）の
信号機は
日本各地にあります

皇居前

浅草

銀座

東京千代田区一ツ橋

春の信号

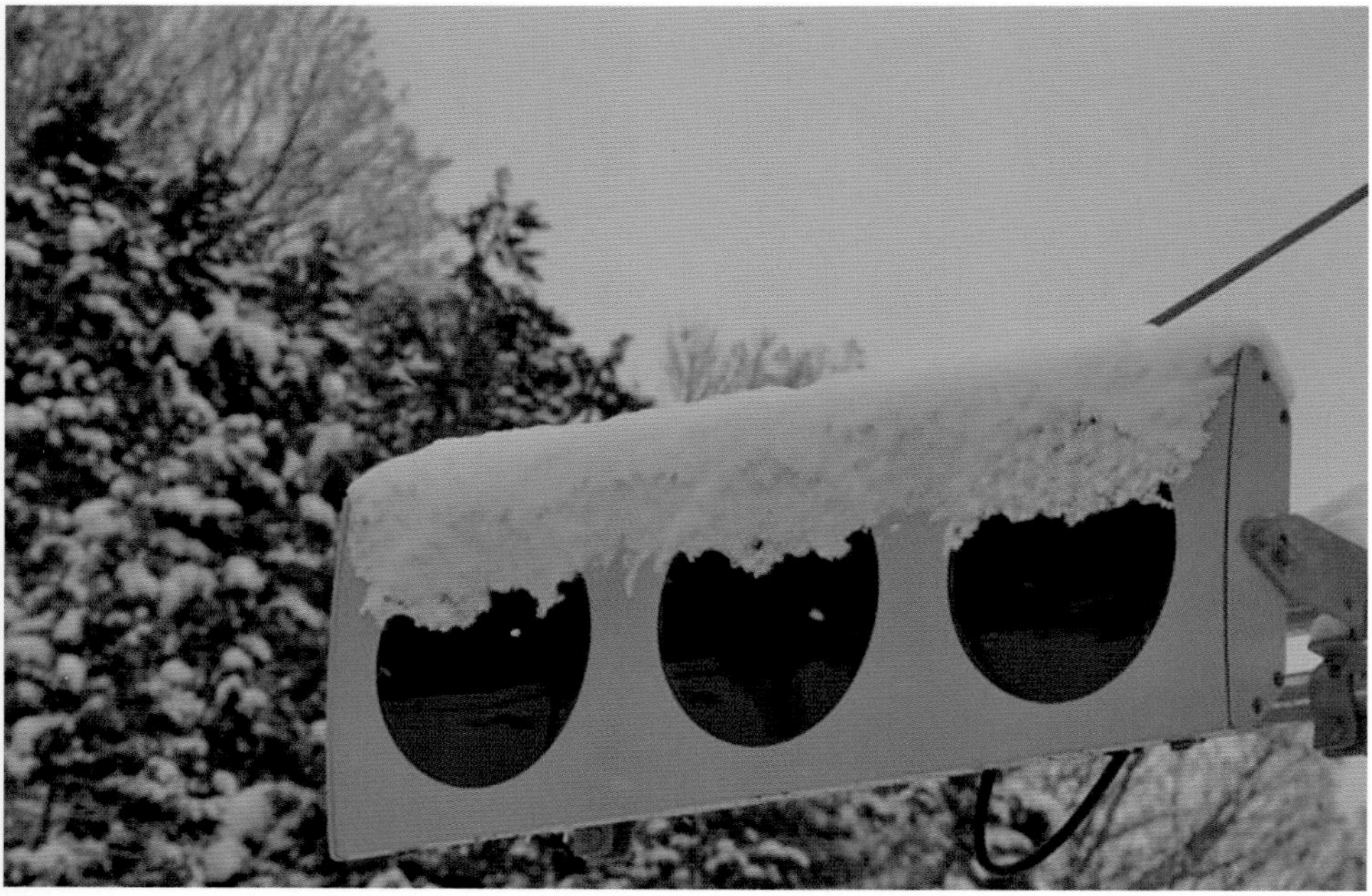
雪国の信号

東京都内

兵庫県東灘

大牟田市

荒尾事業所（ポール）

試験用信号機（大牟田市）

クリスマスの夜（本社前広場）左手赤レンガが本社

荒尾事業所（熊本県荒尾市）

荒尾事業所

大牟田事業所（ボックス）

大牟田事業所（信号灯器）

「旧三池炭鉱三川電鉄変電所」(1909年建造・国登録有形文化財)」をリノベーション(2019年)した本社
(大牟田市新港町)

本社エントランス

世に資する　信号電材株式会社の50年

◉目次

はじめに

第4章　50年を基点に、これからの信号電材について

第5章　信号電材の伝統と未来　対談：糸永康平（代表取締役社長）東川望（専務）

社員一同が「安全安心」を軸とし能動的に働ける会社に

世に資する　信号電材株式会社の50年

はじめに

福岡県大牟田市は、三池炭鉱、炭坑節で名を知られ、今は明治日本の産業革命遺産として世界遺産に登録されている町だが、炭坑以外の分野はあまり知られていない。

我社もその中の一つなのかもしれない。社名は信号電材株式会社、創業は1972年、2022年で創業50年となった。その名の通り、交通信号設備における機器・機材の製造販売を生業とするメーカーである。主要製品（信号灯器・信号用接続ボックス・信号用ポール）の業界における国内の生産シェアーは、それぞれに50%を超える受注に対応し、国内道路交通における「安全安心のあたりまえ」を担うまでに成長してきている。

また、照明事業、海外輸出入事業、電気工事業、人材派遣事業などのグループ会社を有し、「人の暮らしの安全安心」の主軸テーマから街路の明かりをベースに防犯・防災システムに関わる端末機器の開発を進めている。近年においては、防災に対する予防と対処の観点から防災訓練システムを構築すべく防災訓練ユニットの開発なども手掛けている。

人々が安心して幸せに暮らしていく事が出来る地球にする為の国際的行動目標ＳＤＧｓ、その持続可能な世界を目指す17の目標に「11．住み続けられるまちづくり」があり、わが社としても「人の暮らしの安全安心」を司《つかさど》るメーカーとしてＳＤＧｓに適合した企業活動をすすめ、社会的課題解決をテーマに企業活動を活性化させていきたいと思っている。

その活動の一環として、２０２０年４月に大牟田市登録有形文化財の煉瓦建築物を取得し内部改装を施して本社事務所として活用させていただき、文化財の維持と活用の可能性について実践させていただいている。

まあ、こう書くと何やら順調に成長してきたかにみえるが。実情は、波乱に満ちた半世紀だったと言える。何故、九州の片田舎の中小企業が日本全国の交通信号設備に関わる生産シェアーを獲得できるまでになったのか、この機会に記録したい。

先ず、信号電材株式会社の創業者である私の父についてどんな経歴の人物だったのかを記録しておきたい。

第1章　「大牟田のしんごう屋」信号電材の50年

代表取締役社長　糸永康平

Ⅰ　元祖しんごう屋「世に資するものを創り続けて」

戦中戦後の幼少期と青春期

父糸永嶢《たかし》は、大正13年（１９２４年）7月に大牟田市汐屋町で生を受け、三男六女の長男として養育される。小学校入学の年に満州事変（１９３１年）、小学校卒業の年に日中戦争勃発（１９３７年）。中学時代に満州電信電話株式会社へ入社し一人で満州（現中国東北部）へ、４年ほど働きながら夜間中学で学習する。その最中に第二次世界大戦勃発。

昭和16年に帰国し、同盟通信社に入社し東京で勤務。その年の12月に太平洋戦争開戦となる。そして、

創業者 糸永嶢

19歳で徴兵検査に合格する。

20歳の年に久留米53部隊（通信部隊）入隊。周囲から憲兵候補の志願を勧められ、幹部候補生に合格しその翌年、憲兵候補教育を受けて久留米憲兵分隊へ配属。そして、その年の昭和20年8月15日終戦（21歳）。

「兵隊さん、戦争が終わりましたよ」と、行き交う市民から告げられた時の衝撃と、分隊では中国、ソ連、アメリカ兵が進駐して、皆殺しになるとのうわさが流れ、寺に集結して全員が遺書を書き、どのような死に方を選ぶかについ

16 歳のころ（満州にて）

昭和36年、下駄屋を経営していたころ（左から康平、純子、一平）

て一週間にわたり論議した末に分隊長指揮のもと、一斉に切腹する事に決まったという。自決する心境とは、死線に立つという状態なのだろう。だが、その最中に本隊から自決を待てとの指令が来て、一命をとりとめた体験をしたという。

そして、終戦処理において憲兵だったことでC級戦犯として4年間、戦犯者としての制約を受ける。復職もできず、25歳まで大牟田での監視下におかれる。

幼少期から青春期まで戦争の最中にあり、戦争・敗戦と共に何とも過酷な時代を生きた人であったことが知れる。

28歳の時に妻、康子（母）と結婚。それを機に県境（熊本県との県境）に自営の下駄屋を10年ほど営むことになる。その10年の間に兄、私、妹の3人の子宝に恵まれる。ある意味、家族にとってこの時代が平穏で一番幸せな時だったのかもしれない。

交通信号事業との出合い

時代の流れは、石炭から石油へ、下駄から靴へと急速に変化し、三井三池炭鉱では三池争議が起こり、下駄屋の仕事は行き詰まり、東京の叔父を頼っての出稼ぎに生活の糧を得ることが必要となった。１９６２年父38歳の年に東京都文京区本駒込で叔父が経営する合資会社、工業社（電気工事業）に家族で移住し、お世話になることになった。

それは、１９６４年東京オリンピック開催の2年前の年であり、首都東京が大変貌する時代の最中にあった。叔父が経営する工業社は、交通信号工事を主力として当時の警視庁交通管制センターによる都内管制システムの稼働をオリンピックまでに完成させる工事を請け負う業者の一社でもあったのだった。

東海道新幹線、首都高速道、都内交通管制システムなど、どれも今までに無いものを生み出す必要に迫られ、無理難題の難工事ばかりだったと言われている。それを当時の日本人はやり抜き日本の高度経済成長を手にし、エコノミックアニマルとまで呼ばれるようになる。

そして、この6年ほどの東京時代に父は「交通信号」事業と出合うのである。

帰郷と病魔の死線を超えて

1967年43歳の12月に大牟田に帰郷する。郷里で交通信号事業を始めようと考えたようだが、当時の九州地区は、交差点における信号機はまだまだ普及しておらず、東京で稼いだ資金で信号用接続箱などを東京から入手し販売から始めようと考えたようだ。

しかし、その帰郷した翌年44歳の3月、東京での四日徹夜はざらといった無理な屋外業務と営業商談等でコーヒーを日々飲み過ぎたのが祟《たた》り、父は急性十二指腸潰瘍破裂で手術入院し、何度も手術を行われる中で死線をさ迷い、奇跡的に生き残る。この死線を超えて生還した体感と、どうにもならない負の外部環境を背負ったこれまでの父の人生から、出会う人々に支えられるという人生へ転換点を迎えたという。父の伝記『ひとすじの道』にそう書かれている。

しかし、東京で稼いだ資金も長期入院と手術費で底をつき、その年の12月、無理無理退院となる。帰宅後も闘病生活となるが、その間の収入源は母が近くのスーパーで働き、支えてくれていた。

父は、闘病生活を送りながらも杖を突き痛む腹を抱えつつ九州各県の警察本部の方々を訪問した。風呂敷包みに製品を入れて、私の母や妹をお供に支えられながらの行商であった。このどん底の時代によく諦めなかったものだと思う。この時の諦めない心は、父の生涯に一環して貫徹されていく事になる。退院後、３年ほどしてようやく体調も回復し、警察への行商で出会った方々から「こんなものが作れないか？」との商談も受けるようになり、前向きな会社経営を考え始めたのだと思われる。

48歳の創業、諦めない生き様

１９７２年10月25日、父は48歳にして信号電材株式会社を設立する。何とも遅咲きのスタートで、家族の生活を何とかしなければとの一念だったと思われる。

父ちゃん、母ちゃん、叔父ちゃん、叔母ちゃん、兄ちゃんの「五ちゃん会社」で、従業員５名、売上２千万ほどの会社がスタートだったという。兄は大学を目指していたが、家庭の状況からして断念し、厳しく無理難題を言う父に良く仕えてきたと思っている。母は、元大分県日田市の塩問屋の娘でお嬢さんだったらしいが、父と一緒になった為に、当時はスーパーで働き塗装工的な事もこなして家業を支えていたことを覚えている。私はというと、家業がとても嫌で学校のクラブ活動に没頭していたり、長崎の方の大学へ進学させてもらった我がまま坊主で、創業当時の本当の苦労を知らない。

創業当時は、東京のボックスメーカーさんの代理販売を行い、東京仕様の製品として多少のインパクトもあり、まだ細々とではあるがモータリーゼーションの波を「希望」として行商に回っていたようだ。しかし、創業してからの父の事業の進め方は、何とも大胆且つ無謀であった。

2期目には、創業者の病気の問題もあり東京の供給先から上手く受けて貰えなくなった事や九州独自の仕様要望を聞く必要も出てきた。資金は親戚縁者からかき集め、技術は地域の町工場に見様見真似で作ってもらい、接続箱の仕入れ販売から自前生産に切り替える事になる。この自前生産に切り替えた事で、当時の使用量は少なかったとはいえ、九州内の交通信号用接続箱の販売シェアーを確保し、更に九州以外の販売を目指すようになる。

3期目には、東京時代に知り合った名古屋出身の仲間を引き入れ、何と九州以外の名古屋に中部営業所を出し、愛知県と静岡県へ自社製端子箱の販売を進めている。その当時、交通信号専用のボックスメーカーはまだ少なく、顧客要望を聞き製品改良していくスタイルは珍重されたと思われる。

そして、4期目には関西地区がアルミ製ボックス仕様であった事もあり、当時父が九電の材料商社の社長さんと懇意になっていたことから、その社長さんに大阪のダイカスト鋳造（金属を金型に圧入して瞬時に成形）メーカーさんを紹介してもらった。父が要望する形状に開発設計してもらう事で、業界初のアルミダイカスト製端子箱を考案し、ダイカスト鋳造はファブレス（外部委託）、アッセンブリ（部

アルミダイカスト製Box

品を組み入れたボックス）は自社で量産を始める。

また同年、熊本県長洲町に日立造船の進出に伴い大阪から溶融亜鉛めっき工場が進出した。そこで、鋼管を溶融亜鉛めっき化して交通信号用ポールとして商品化し、そのめっき工場でファブレス生産し、ポール輸送は自前で始めるのである。長い闘病生活の中で考えていた商品の夢を、人との出会いと時流をつかみ果敢に挑戦したことで、他社が考えつかなかった商品を具現化していったのである。アイディアは自流、もの作りはファブレスで商品化を進めた時代である。

さらに、４期目にして当社の主力製品である、ボックスとポール部門を明確に立ち上げ、九州地区から中国・四国・中部地区まで販売販路を広げ始める。

これらの製品開発は、東京時代の工事業を営む

信号用専用ポールの進化

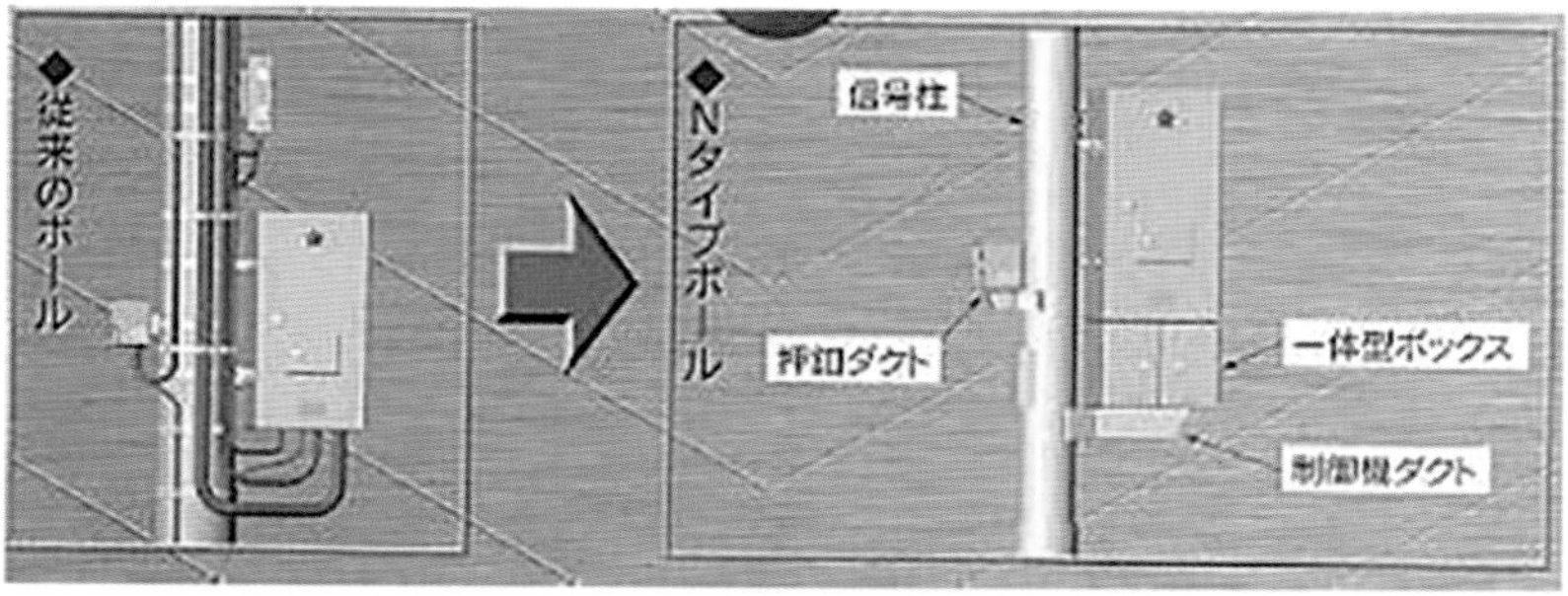

ケーブル配線
【外部通線式】

ケーブル配線
【内部通線式ダクト工法】

信号柱配線作業の進化

中で必要とする主材料は何かを知りえた事業の方向付けである。箱のアルミダイカスト化は関西圏のボックス仕様がアルミ製であった為、量産性のあるダイカスト化に踏み切り、中部圏を狙ったわけだ。その量産用の金型代は当時でも数千万円の設備投資であり、当時の会社規模からしても無謀な賭けだったと思われる。

しかし、父には東京時代に培われた経験と感覚で事業の未来が見えていた。地方ローカル県でも何時かモータリーゼーションの波は波及し、信号設備が必要となっていくのだと確信していたのだと思われる。何としても東京まで進出して行きたいという意欲が創業時代から強かったことが窺われて、九州の片田舎の零細小企業の社長とはちょっと違った視点があったと感じる。

5期目には、交通信号専用鋼管柱を考案し、鋼管柱の管内に入線する事で外部配管材を無くすという、当時としては画期的な内通式鋼管柱を商品化するのである。当時の設備は、多くがまだコンクリート柱で、外部配管が当たり前だった。軽量化で施工性の良い鋼管柱を更に施工効率を上げる内通式により、西日本地区で複数の警察本部から採用の話となり、鋼管柱への転換速度は高まっていくことになる。

この年より売上額が1億を超える。

これも父の東京時代に施工上で苦労した体験が、施工性の良いものへの探求心となったアイディア製品であったと思える。

6期、7期と当時対抗メーカーは、関東圏、関西圏にあったぐらいで、ローカル県はまだ手付かず状態だった。顧客要望を取り入れた商品開発のスピード力は受け入れられて、順調に販売を伸ばし売上額は、2億台になっている。

私は、1979年の8期入社だが、当時の従業員13名、売上289百万の零細小企業だった。我がまま坊主が大学を卒業する年、長崎で就職が決まっていた私に、家業を継ぐことを母から勧められ、「兄ちゃんを助けてやって!」という言葉が殺し文句だったことを覚えている。

新製品開発で、規模と販路を拡大

ファブレスから自社工場経営へ

私が入社すると、父は決意したかのように、１９８０年の9期目には、今の本社である大牟田市新港町へ2階建ての事務所棟と当時としてはとても大きく見えた第一工場へ新築移転し、ポール加工・ボックスアッセンブリの工場経営を始めるのである。この年に、妹純子が入社し家族総ぐるみ体制となる。しかし、当時大牟田市では、無名の会社で三井系列でもない工場に募集しても来るのは昼間でも酒の匂いのする中年労働者だった。私は学歴が無くても若いメンバーを集めたいと父と交渉し、自分より同年か若い人材を集め、素行は悪かったが平均年齢が20代後半の若い会社になっていったと記憶している。ファブレス生産（外部委託）から自社生産へと転換した時代である。

１９８２年11期目になると兄がポール部門の拡張を目指し、某上場ポールメーカーの商社部門と共同で、大型標識柱の生産を手掛けるようになった。これを機に当社のポール部門と設計部門は交通信号から道路標識や照明分野までを生産するポール事業として拡大していくのである。このポール事業の拡大で、工場サイドでは溶接技術のある人材を獲得し、設計部門には構造計算が出来る大卒の人材などが入社するようになる。創業10年：売上３５４百万、社員数24名。

12期目になると父は、更に自社生産化を進める意味でボックス自社生産の製缶工場を増設する。これを機に製缶板金加工が出来る人材雇用や、設計部門にボックス設計ができる人材が育っていく事になり、本格的な工場経営が必要になってくる。当時は兄が生産工程計画を握り、私が現場の束ね役となって、業務が終わるのは深夜の1時、2時になる事も多々あった。

13期目には、私の方が九州電力向けの柱上用開閉器遠制子局というボックスのOEM（相手先ブランドによる生産）生産を手掛けるようになり、ボックス部門も信号から電力向けの製品まで手掛けるようになっていく。また、15期目にはその内部配線まで受注するようになり、ボックスのアッセンブリについても製品レベルが上がっていく事になる。当社の人材には、造船不況だったり、アルミ精錬不況だったり、大手家電不況だったりで大手の人材流出が起こった時に入社してきてくれて、活躍している人材が少なからずいる。これも、時流をつかんで社業を発展させてきた一面なのかもしれない。

信号灯器メーカーへの道

そしてその間、父の方はというと、次のテーマとなる信号灯器に着目し始めており、13期目（1984年）には、九州南部の鹿児島県から「離島の信号灯器が塩害ですぐ腐食して困る。何とかならないだろうか？」と相談を受けた。父は何と、撤去品の鉄板製車両灯器をもらい受けて、それを分解し、溶融亜鉛めっきを施し、塗装して組み立て、再生品として出荷したのである。

当時、鹿児島県警さんからは非常に喜ばれたものの、あくまで再生品であり製品とはならなかったし、灯器メーカーさんからは「余計なことをするな」とクレームが付いてしまった。

しかし、父は諦めてはおらず、大牟田に三井アルミニウム工業というアルミ精錬会社があり、14期目にはその会社とアルミ鋳物製車両灯器の共同開発を進めて製品化する。それは、当時日本初のアルミ製車両灯器で、鹿児島県と宮崎県に出荷実績を持つ。しかし、それも量産化においては難点があり、当時の信号灯ランプユニットは未着手で、灯器メーカーさんから譲り受けるしかなく、三井アルミ側も量産の見通しが経たなかったことで生産を断念した。

しかし、翌年の15期目に父は周りの反対を押し切り単独開発に乗り出し、アルミダイカスト製分離型車両灯器の開発を行い、製品化するのである。まあ、私もこの灯器開発に携わっていたが、今のような３Ｄキャドもなく、粘土と石膏でモックアップ（実物大模型）を作ったり、作り上げた物を父から駄目だしされたりで、散々だった。とはいえ、当時、三井アルミから当社へ移籍したメンバー数名と共に昼夜試行錯誤し、完成した製品は上場会社の灯器メーカーさんも驚く出来栄えだった。

そして、翌年１９８７年の16期目に第二工場を建設し、各灯器メーカーさんからのＯＥＭ生産受託を取り付け、ＧＹＲのランプユニットを支給いただき、日本初のアルミ製車両灯器の量産に成功する。私が入社してずっと綱渡りのような日々だったが、気が付くと社員は57名、売上７８８百万の中小企業となっていた。

この年から、当社の主力3品目が揃う事になり、灯器部門を父、ポール部門を兄、ボックス部門を私が拡大牽引していく事で、３つの歯車が回り始めるのである。

18期目（１９８９年：平成元年）にはポール特品生産を目的とした第三工場を建設し、売上10億を突破する事が出来、社員数も１００名を超える会社になるのである。また、この年に父の念願であった東京へ事務所開設し、警視庁へポール販売の実績を付ける。

ＯＥＭ受注から自社ブランドへ

平成元年（１９８９年）、時は平成バブルの時期で周りは土地と株と美術品などが高騰し、公共事業などは誰も見向きもしない時代だった。

しかし、翌年平成2年をもってバブル景気は終焉に向かい、１９９１年2月バブル崩壊となった。民需経済は破綻し急速に日本経済は悪化となる中、官需は民需救済として拡大する。その中で、信号灯器のアルミダイカスト化は東京に普及し始めて、それを皮切りに各灯器メーカーは自社製アルミダイカス

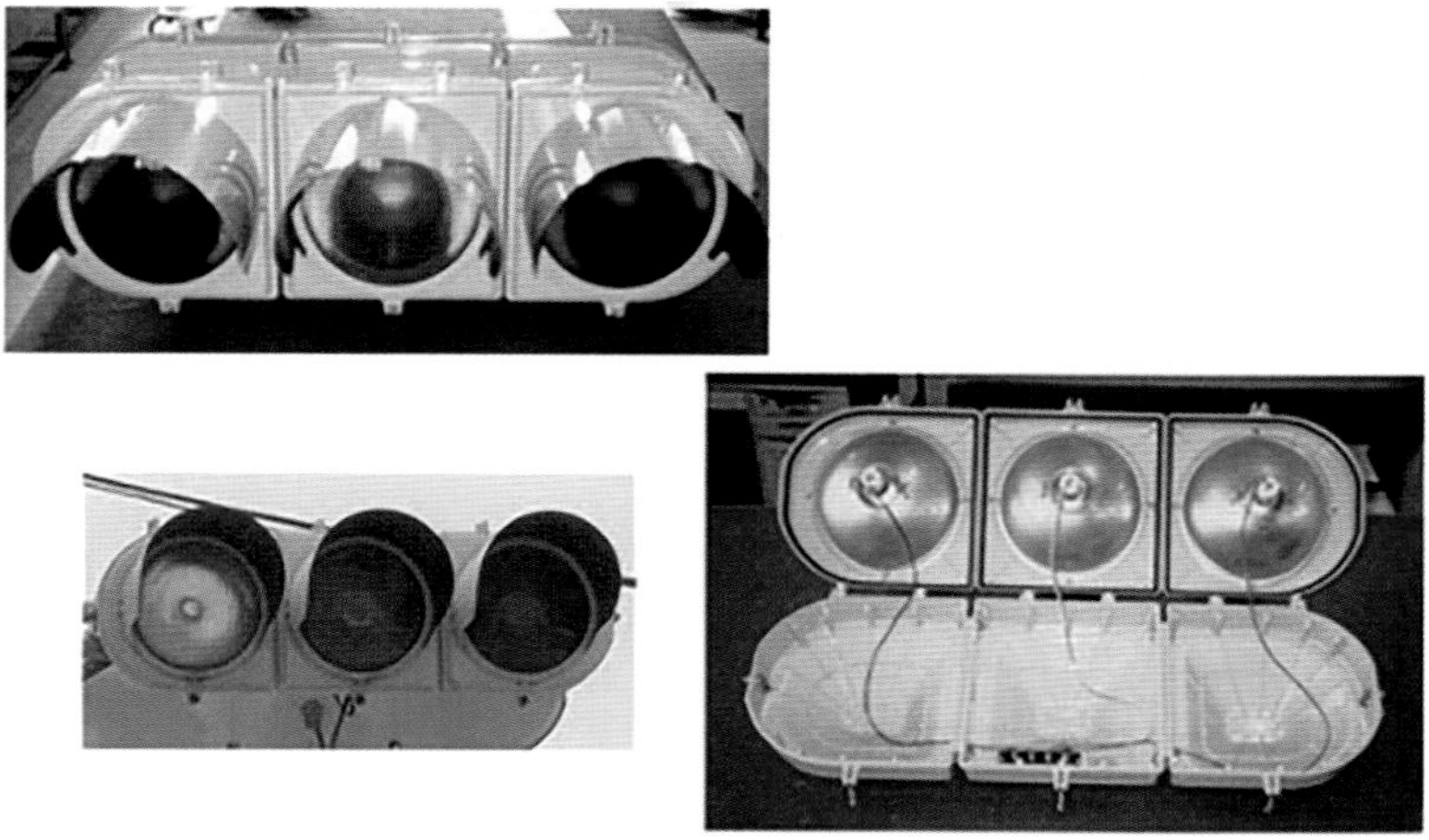

信号灯器筐体の進化　アルミダイカスト製（1986年分離型筐体）

ト灯器開発を行い自社生産に切り替え始めることになった。当社へのＯＥＭ灯器発注は、そのまま進むと無くなることとなったのである。また、標識・照明等のポールメーカーとの協調によるＯＥＭ受注拡大も、バブル景気の崩壊などの余波もあり上昇傾向に行き詰まり感も見え、これまでの右肩上がりからの変化の年でもあった。

この変化の中で、当社は他力だったＯＥＭ受注の行き詰まりから、小さくてもメーカーとなっていこうとの意思で、営業部をこの１９９０年に発足する。そして、兄と父は関東へ、私は関西へと販路拡大に既存エリア以外の場所へ出かけるようになる。

１９９１年、東京開拓の成果として警視庁において差込式端子箱開発を依頼された。ドイツが本社のＷＡＧＯ社と提携し、開発

端子箱の新配線方式：差込式端子台の導入
1991 年警視庁仕様化へ
振動でも緩まない端子＋接続作業の簡素化への進化

結線した状態の差込端子

差込式端子台

端子箱の新配線方式

を成功させ警視庁エリアにボックスの仕様認可実績を得るのである。その開発した差込式端子箱は、施工性の向上と振動しても緩まない機構性能から、その後全国の警察本部が採用に踏み切っていく事になる主力製品となった。

何故、当社がそのチャンスをものに出来たかというと、このドイツ・ミンデンを本社とするＷＡＧＯ社は当時、Ｕボートなどの潜水艦にも使用されていた振動にも緩まず作業性にも優れた画期的な差込式端子台を首都東京の警視庁に営業アピールしていた。当時の警視庁管理官は工事施工を効率化する為に試験設置してみたかったが、関東既存のボックスメーカーさんは海外から購入せねばならなくなる端子を嫌い、官の要望に消極的だった。そういう中、開発意欲をアピールしていた父にお声が掛かった。１ヶ月も経たないうちに試作品を作り上げ、東京において時間を要していた交差点結線工事を試験設置で３分の１にする実績を上げて、本採用となった。そして、当時の私と開発スタッフは、すぐにドイツのミンデンへ渡航した。ＷＡＧＯ本社での生産ラインと品質と性能を有する開発力に刺激を受け、短期間のうちに購買契約を結んだのである。

しかし、前述したように１９９０年あたりから灯器メーカー各社は、アルミ製信号灯器を自社生産に踏み切りはじめた。当社として灯器生産ラインの行き詰まりとなり死活問題だったが、ここでも父は諦めなかった。

当時、警視庁において西日が車両灯器内の反射鏡に乱反射し、全点灯状態に見えてしまいＧＹＲのどれが点灯しているかわからなくなるという疑似点灯現象で交通事故が発生、死亡事故となり裁判で警察側が負けるという事態となったという。それで規制課長から西日問題を解決する「西日対策灯器」というテーマが出され、父は当時66歳、この西日対策レンズ開発に自分の全精力を傾けたのである。

麦わら帽子をかぶり、当時の開発メンバーと共に試作灯器を何度となく改良しては取り付けて、工場内の敷地に西日が当たる方向に信号灯実験場を整備し、理論より実践と、自分の眼でどう見えるかに拘っていた。この設備は今でも当社に現存し、信号灯の製品開発に活用している。

そして約2年を費やし、父が町の発明家や大学の教授と協調して多眼レンズ式の疑似点灯防止機能付

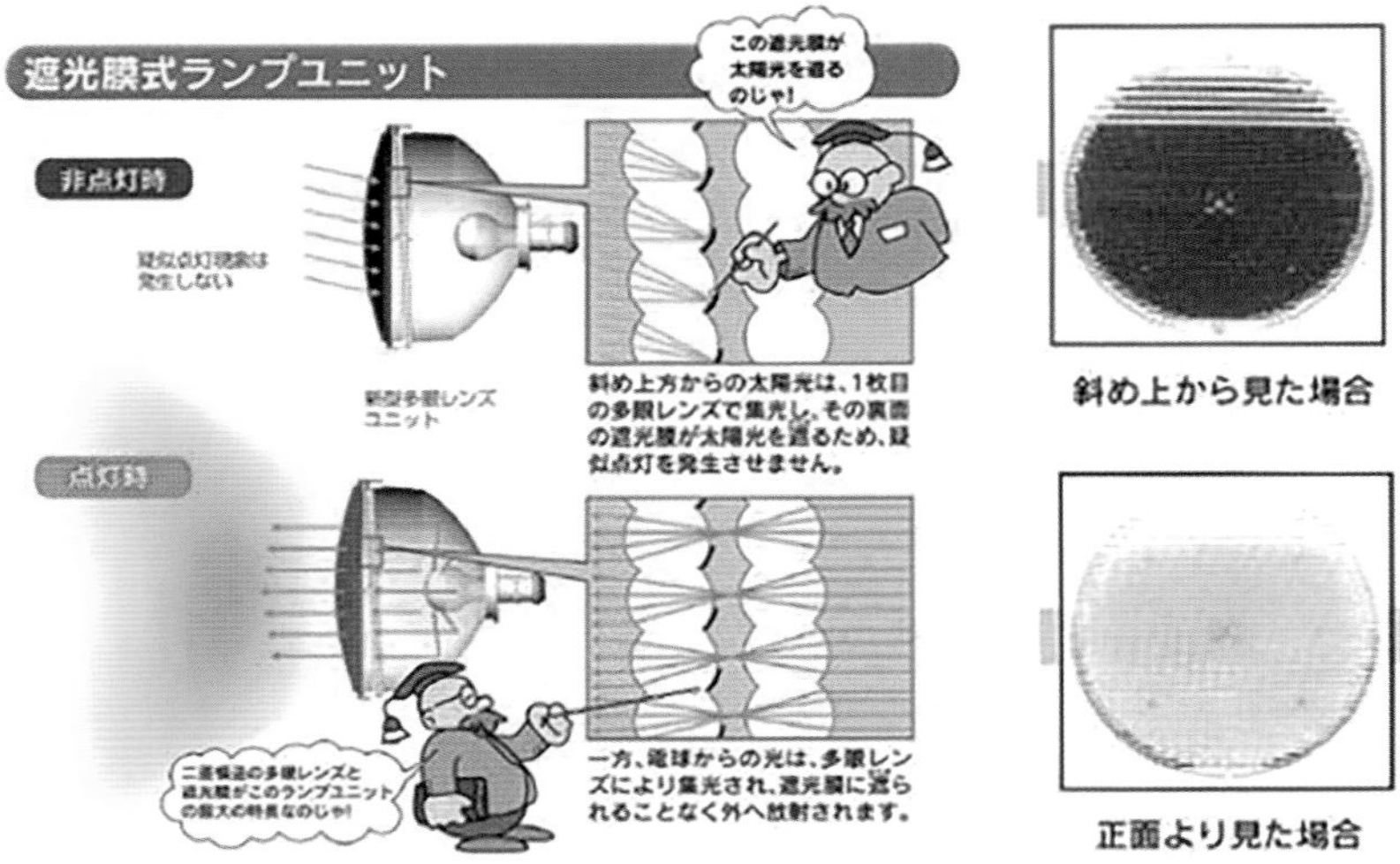

信号灯ランプユニットの進化　疑似点灯防止型レンズの開発

疑似点灯防止型車両灯器
・1992年遮光板型
・1998年斜光膜型

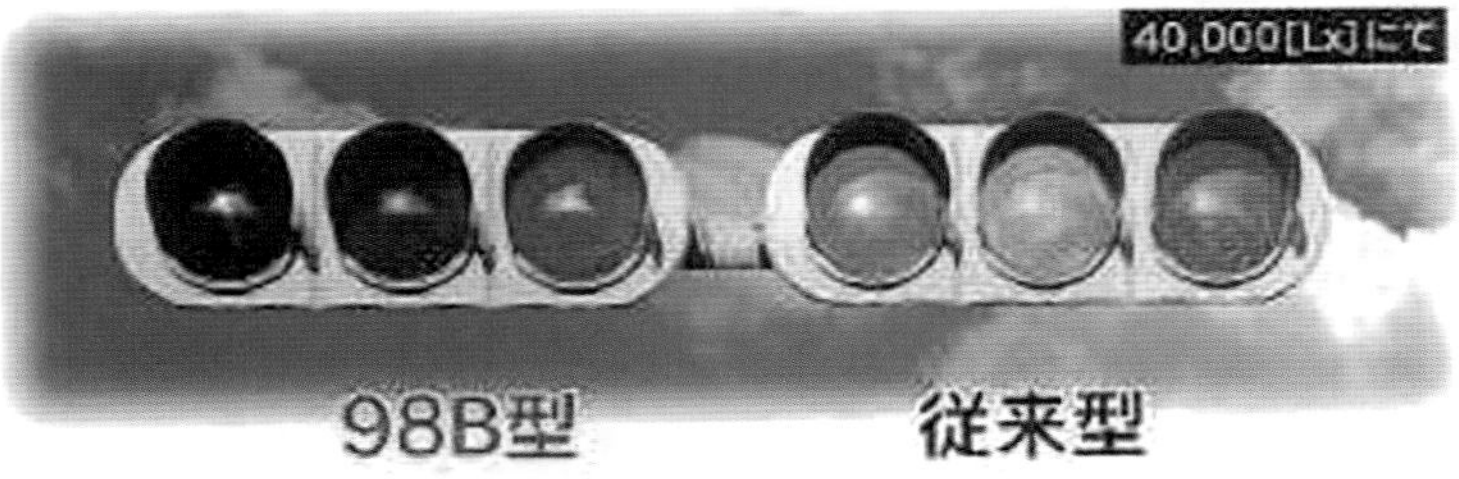

西日入射時の視認性を大幅に改善
1992 年警視庁採用となる

信号灯ランプユニットの進化　疑似点灯防止型車両灯器

きランプユニットを開発した。外部からの太陽光を遮断し、灯器内部光を通過させるという、当時としては画期的なレンズ開発として数年を掛けて進化していく事になる。

世に資するものを創り続けて

１９９２年、東京鮫洲の試験場で各灯器メーカーの西日灯器比較視認試験が行われ、何と当社がその視認試験において最優秀と評価を受ける事になる。

この１９９２年は、当社にとって創業20年の節目であり、父（68歳）が長男（一平38歳）に社長交代した年でもあり、我が社が灯器メーカーへの道を歩む起点となった年である。そして年末の12月に父の妻（康子66歳）、私にとっては母が癌の為に他界した年でもあった。非常に意味深い忘れられない年となり、この年、売上１３７１百万、社員数１０６名の中小企業となる。

そして、１９９３年から正式に警視庁仕様認可をいただき、各灯器メーカーさんへもＯＤＭ生産し供給する事になったのである。この事により、灯器生産ラインは維持され、自社生産品のラインとして新たに進化を遂げる事になる。そして、このランプユニット開発から、当社は灯器メーカーとして認知を受け、全国へ向けて販売網を構築していく事になる。

左から糸永一平（二代）、嶢（初代）、康平（三代）

しかし、この年から灯器機器メーカーとしての認知を受ける必要があり、全国への販売網とその品質要望に応えるメーカーとして前に出る必要があった。つまり、これまで陰で生産していた会社が、メーカーブランドとして前に出て責任を持つことを学び始めることになるのである。

創業者の父である初代社長時代の20年を振り返り掘り起こしてみたが、戦中戦後の激動期を体感し、首都東京が大変貌を遂げる時代に「交通信号」事業と出合い、郷里で起業を試みるも、大病し死線をさ迷い生き残った。

死線からの生還、それからの生き方は、顧客要望を聴くことを心掛け「世に資するものを創り続ける」ことで企業が好転し「利益はかんなくず」のようなものと考えていた。利益を目標とせずとも諦めず課題への探求を怠らない事で企業は成長していくという確信を得たのかもしれない。

大病を患った父は、人より体力は劣ったが、その精神力と諦めない心は子供から見ても並外れたものを感じる人だった。二代目社長の兄から三代目社長となった私の初期まで元気だったが、２０１０年12月30日に86歳で永眠し、波乱に富んだ人生の幕を閉じたのだった。

Ⅱ　二代目社長　糸永一平の時代　21～33期（1992～2004年：13期）

創業者の長男、糸永一平は当時38歳で社長就任した。それは、遅咲き（48歳創業）で体の弱かった創業者の父が高齢となっていたこと、また当時、癌の発症で母の容体が悪く、父の看護が必要だったこともある。父が68歳となる創業20周年式典において世代交代を公表し、若くして社長業を担い13期を務める事になる。温厚で敵を作らない性格は、無謀で単独行であった父を陰で支え続ける役割の中でそう形作られていったのかもしれない。

学生の頃は真面目な研究者タイプだったが、当時の家庭環境から大学進学を断念し、高校卒業後創業当時の信号電材株式会社に入社し、塗装工、信号ポールの仕上げ作業、それにポール製品のトラック搬送・納品などの現場業務も行い、社業を支えていた創業期があった。そして、自社工場設立時においては、工程計画やポール部門受注の拡大に努め、大手ポールメーカー販売代理店と協業し、標識・照明などのポール特品事業の受注獲得に成功する。また、独学でポール構造物の強度計算も手掛け、設計部門

二代目社長　糸永一平

の土台を作った人でもあり、経理財務なども独学で学び経営の土台を支え続けた人でもあった。性格的に営業は苦手なタイプだったが、社長就任中期においては東京に常駐し所長と営業部長も兼務し、東京営業所の土台を作った経歴もある。

二代目の一平社長となってからの我社の13年間は、信号灯器メーカーとして日本全国への営業所構築、そしてこの時期に信号灯器は電球式からＬＥＤに転換していく事になり、その技術開発と生産ラインの構築、そして更に我社はこの時期に海外事業の展開を進めていくという何とも無謀な取り組みを行うのである。

営業部、野武士軍団との全国販売網の構築

創立20周年（1992年）において信号電材は、東京営業所と関西営業所を開設し、東京地区と大阪地区の市場に営業拠点を置き、東京は会長・社長が営業活動を行い、常駐は塚本所長が務めた。大阪については、専務（私）が東大阪に常駐し所長を兼務、関西地区の営業開拓を行った。

前述したが、東京営業所の功績は警視庁との差込式端子箱の開発と西日対策灯器の仕様認可を受けてメーカーとしての認知を受けた事であり、その製品開発はその後、日本全国への営業所構築とメーカーブランド確立に繋がっていくことになる。

逆にそうしなければ、日本の中心である東京で、メーカーデビューしてしまった我々は、業界で生き残れなかったとも言える。

関西営業所の功績としては、奈良県警さんに始まり、その後大阪府警さん、兵庫県警さんへポール構造物販売において実績を付けて、信号ポールから大型構造物までの販路開拓を進め、その後に差込式端子箱の仕様化、西日対策灯器の仕様承認を受け、ポール・ボックス・信号灯器のメーカーとして関西地区に認知を受ける事に成功した。また、平成7年（1995年）1月には阪神淡路大震災をも体験する。

関西空港ゲート：ダブルアーチ柱（1994年）

こう書くと、いとも簡単に業界参入したかに思われるが、当時ポールメーカーもボックスメーカーも灯器メーカーも大阪には拠点工場があり、何故わざわざ九州の無名メーカーから購入する必要があるのか？　とけんもほろろの状態だった。しかし、当社の開発製品は、既存の製品と比べて機能性と施工性に優れていた事が評価され、小回りの利いた顧客要望に対応する事で、短期に販路を広げて行く事が可能となっていった。

しかし、九州地区と東京、関西地区でメーカー認知を受けたものの全国的に認知されたわけではなく、急ぎ全国へのメーカー認知と販路を構築する必要があった。それで、経営戦略として営業部門の強化を進めるべく人材をリクルートすることにした。

その中で色々な人材との出会いがあり、１９９５年あたりから個性的な営業野武士集団を結成し販路拡大する事になる。

その中でも、大手化粧品メーカーの販売部長だった

大阪府内：ダブルオーバーハング柱
（1994年）

佐藤、韓国で出会った販路開拓のプロ佐野、広島で信号事業販売会社を設立した中村、三井アルミニウムから移籍し信号灯器開発から関わって来た塚本、鋼管パイプ販売会社から移籍して来た工藤、そして九州・四国での開拓営業で実績を付け関西地区開拓を進めている私がメンバーとなり、九州ローカルの無名中小企業メーカーを認知していただくべく、業界の異端児として積極的に営業活動を行った。

・1992年東京都に東京営業所開設（塚本所長）、東大阪市に関西営業所開設（糸永康平所長）
・1995年広島市に中国営業所開設（中村所長）＊シグナル電子（株）を設立、当社の中国営業所として中四国の販売委託契約を行う。
・1996年仙台市に東北営業所開設（佐野所長）＊人事異動で社長：東京営業所へ、専務：本社へ、塚本：関西営業所へ異動。

野武士軍団：前列左から、中村、佐野、塚本

2008年10月に他界した佐藤

・1997年札幌市に北海道営業所開設（佐野所長）＊東北営業所を兼務し、北海道開拓を行う。
・1999年福岡市に九州営業所開設（佐藤所長）＊2年前に福岡営業所として単身営業所開拓をし、九州全体を見る営業所を設立。
・2003年名古屋市に中部営業所開設（佐野所長）
と約10年を掛けて足早に全国へ7営業所を設立させていった。

当時の信号灯器メーカー主要3社は上場大手メーカーさんで固められており、交通信号業界にローカル中小メーカーが参入することは異例なことであり、受け入れられる事は難しかった。それ故これまでの業界ルールから逸脱するメーカーとして嫌われ者だったと推察するが、その野武士軍団はそれを可能にしたのである。

そして、無名なメーカーだった事もあり、トラック（ウィング車）を2ヶ月ほど借り切り、当社のポール・ボックス・灯器の製品を展示した。移動展示場を造り九州から北海道までの全国キャラバンを行って認知度を上げるなどの活動も行った。

私は2000年から営業部長を兼務したことがあるが、それぞれの縁で一癖も二癖もあるメンバーが集まった。私より6歳～10歳上の野武士軍団は、非常に自己主張が強くまとまりに欠け、営業会議は皆、開拓自慢ばかりで会議の体をなしていなかったが、そんなメンバーだったからこそ、開拓精神が強く常にゼロからの出発の中で困難をくぐり抜ける事に異常な意欲を見出していったのだと思える。まあ、当時の営業部長は大変だったが。

官業界の各県警本部は、簡単に無名なローカルメーカーを受け入れてくれる甘い業界ではなかったが、それでも当社の製品の機能性や施工性への評価は徐々にではあるが受け入れて頂けるようになっていったのである。

何故、海外事業の取組なのか

我が社は、２代目一平社長の時期に海外輸出入を始める。ローカル中小メーカーであり、国内公共事業が主体の会社が何故、海外事業の取組みなどという無謀なことをやってしまったのか。。

それは、警視庁さんで１９９３年から採用された西日対策灯器に由来する。その開発のニュースは、ＮＨＫの経済ジャーナルで流れたり、ＪＡＬやＡＮＡの航空機内ニュースで取り上げられた。その反応は意外に大きなもので、海外からも問い合わせが当社に入るようになり、会長となって自由度のあった父が海外輸出の具現化に韓国と台湾へ販売を進めようとした事に始まる。

台湾の新竹市と大牟田市は、ライオンズクラブの姉妹提携都市で１９８５年あたりから新竹市で会計事務所を経営されていた余淮槙さんと父はライオンズ仲間で交流があったようで、そのルートを通じて台湾への輸出の可能性を探っていた。
また、1993年から西日灯器の警視庁導入が始まり、韓国からも後に当社に入社する佐野氏経由で韓国電機交通さんからアプローチがあり、その性能説明に韓国に来て欲しいとの依頼があって、開発に関わってもらった九州工業大学の下村教授（後の学長）と共に韓国の警視庁に説明に行ったりもしていたと記憶する。

1996年より私は関西営業所長から本社に異動となって、代わりに塚本が東京より関西営業所、社長（兄）が本社より東京営業所へと大きな人事異動を行った。この時期に社長（兄）が営業部長になり、東京より営業全体の統括を担う事になる。私は本社へ異動し、製造部長を務め、この時に本社体制の基盤である製造部体制の改革とパート社員のアウトソース化を行い、製造コストの低減と灯器生産ラインの構築に努めた。

そして、その傍に会長（父）の海外活動のフォローをする事になり、韓国や台湾へ同行する事も増えていった。国外で出会う人々は国や人種の違いはあっても、個別に話すとどちらもフランクで商売に意欲のある60代前半の初老の方々だったが、名を取る意欲の韓国と実利を得る台湾という両国の特質なども解るようになり、いつの間にか私が海外事業の先導役となっていく事になる。

当時のエピソードとして、台湾へ初めて会長と同行した際に台湾交通信号業界の協会が設立され、その第一回会合が開催されるところに同席したが、その海外来賓に会長（父）が招待を受けており、堂々とまるで日本の業界を代表するかのようにスピーチを行うのを見て唖然とした。これは台湾へ西日灯器

迎曦商業有限公司メンバー：左端に陳さん、中央に余さん、右から二番目に曽さん

をアピールする為の戦略的意図があった事を後で知る事になったが、スピーチの同時通訳は、台湾の新竹で日本との輸出入を行うために余淮槙さんが設立した合弁会社（迎曦商業有限公司）の設立メンバー陳永樑さんだった。

父は、台湾と韓国に対し信号灯ランプユニットの生産委託の話とその販売を併用した交渉をしており、両国がその気になっていた。私としては数量的にも双方に委託する物量は無いこともあり判断しかねていたところ、韓国側から西日灯器レンズの製品コピー問題が発覚した。最終的には韓国電気交通の金全豪社長とも和解したが、生産委託と海外販売は台湾側と関係を深めて行く事になる。

そして、信号電材は１９９８年より、台湾の迎曦商業有限公司との間で本格的な輸出入を行うのである。輸出としては、台湾側に日本規格の西日対策ランプユニットを輸出し、もう一人の迎曦メンバーである曾淵岳さんの会社（長澤工程有限公司）で台湾側にて成形した樹脂製灯器に組込み、販売設置した実績がある。そして、信号ランプユニットの部品を台湾で生産し輸入も進めたことで、部品生産拠点が台湾の新竹市にできる事になる。

それを機に我々は、台湾を国内感覚で行き来するようになり、台湾メンバーの個性ある社長さん達から海外ビジネスの知識やノウハウを伝授いただくことになる。中でも陳永櫟さんは、日本語も流暢に話し親日家で、「日本人は、いいよ。日本語だけで生きていける人がほとんどだが、台湾人は3ヶ国語を話さないと生きていけないんだ」と言われた事があった。初めその話の意味がわからなかったが、それは、台湾人は少なくとも台湾語と北京語と他の外国語（英語or日本語）を話さなければ、ビジネスができない。日本は、日本語だけで商売し生きていける良い国だ。という事だったが、その話の中で、戦中戦後における台湾の苦難の歴史と中国と台湾現地人との確執について知る事ができた。国外に出ると日本人であることを意識させられ、日本という国が外からどう見られているのかについて知らされる事に多く出くわした。その時に自分の歴史認識を問われる事が多く、戦中戦後のアジア史を何故日本人は知らないのか？　と問われながら逆に日本という国が見えるようになった。そして、親日で大らかな台湾の人々から色んなことを学んだ。

しかし、この時まではまだ台湾と繋がりを持った事が、後の信号灯器がＬＥＤとなっていく変化の時代を生き抜く上で、大きな意味を持って行く事になろうとは思っていなかった。

電球からＬＥＤへ

１９９３年に日亜化学が窒化ガリウムの青色ＬＥＤ開発・実用化に成功したというニュースは、センセーショナルだった。それは、警視庁さんが西日灯器を採用した同じ年で、我社は電球式灯器の開発の真最中だった。会長（父）は、車両用西日灯器の性能を更に上げて行くべくランプユニットのレンズ改良開発を進め、９２Ｂ（遮光板無し：１９９２年）、９５Ａ（遮光板有り：１９９５年）、９８Ｂ（遮光膜式：１９９８年）まで電球式西日灯器の改良を進め性能向上を進め、完成させたと言える。

しかし、時代はすでにＬＥＤ化の波が押し寄せてきており、当初は青色しかなかったＬＥＤも、交通信号用に世界市場があると判り、信号用の青緑色が開発されて業界各社が車両用ＬＥＤ灯器を開発・実用化しようという動きが始まっていた。当時、西日灯器でメーカーデビューした我々に対し、業界他社の思惑としては信号灯器のＬＥＤ化技術で追従できないものにしようと推進されていたように思われた。確かに電球・反射鏡の技術と半導体技術は別物で、全く違う技術が必要とされ、ローカル中小企業が対応できるものではないと思われた。

だが、個人的にＬＥＤに興味のあった私は、１９９３年ごろに九州工業大学の下村教授から中小企

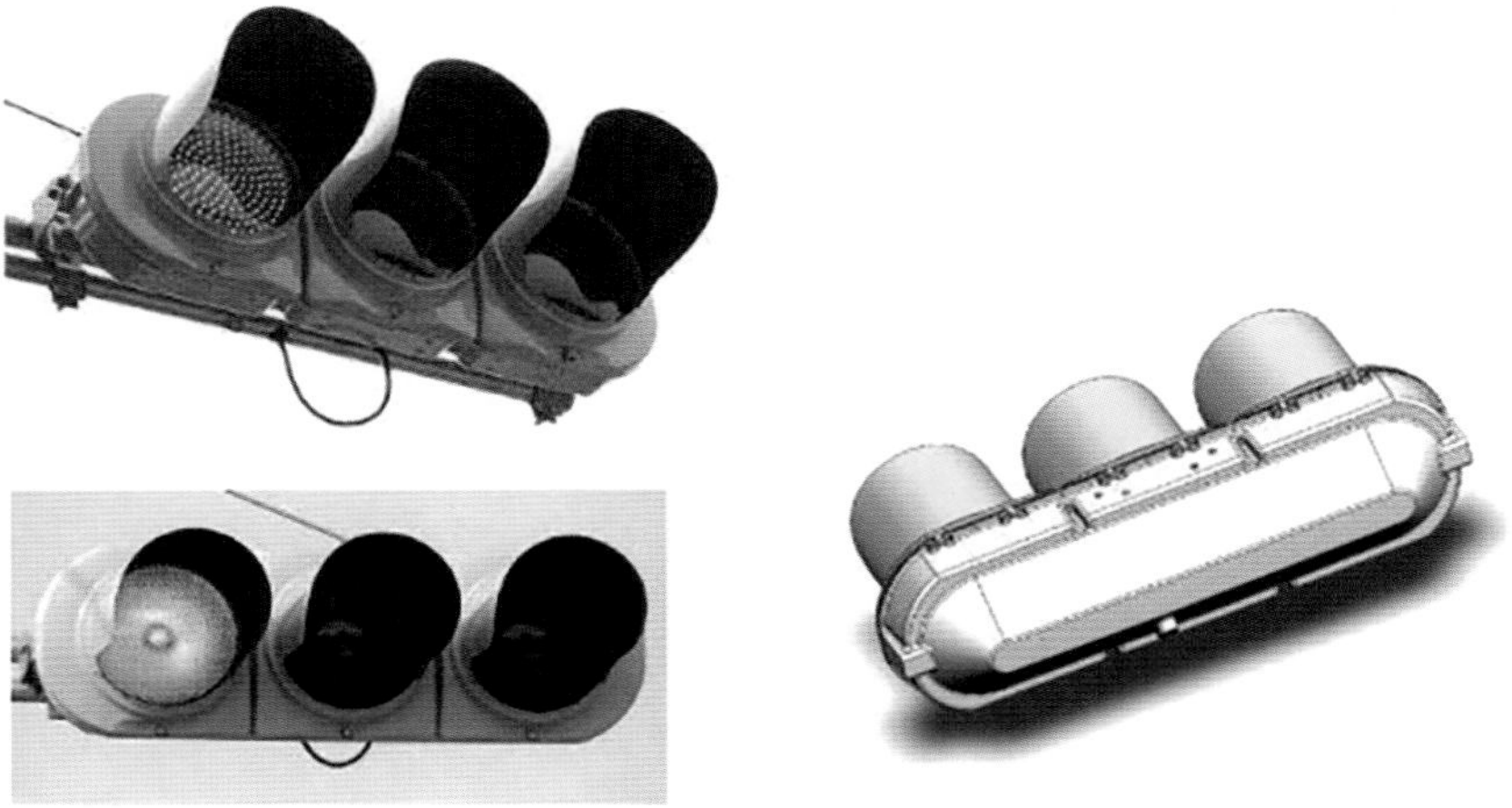

電球式からLED化への進化（2001年）

業向け出張支援講義などを受けた事で教授とも関係性が出来、ＬＥＤの交通信号への応用の可能性について技術メンバーと議論していた。しかし当時、西日灯器開発に熱中していた会長に見つかると「要らぬ事で技術を使うな！」と怒鳴られるので、ＬＥＤ灯器の試作は技術部メンバーと社内的にも隠れて試作していた。そして、素子そのものが非常に高価なものだったので、我々は素子数が少なくて実用化できる矢印灯器の開発を日亜化学さんや島根サンヨーさんと交流を深くし進めた。昼間は明るく夜は減光する自動調光機能付きのＬＥＤ矢印灯器を製品化し、京都府警さんで全面採用していただき、その初号機は、１９９５年に京都の嵐山に設置していただいたが、業界的にはあまり知られていない。

京都、嵐山に設置されたLED矢印灯器
H7年（1995年）製

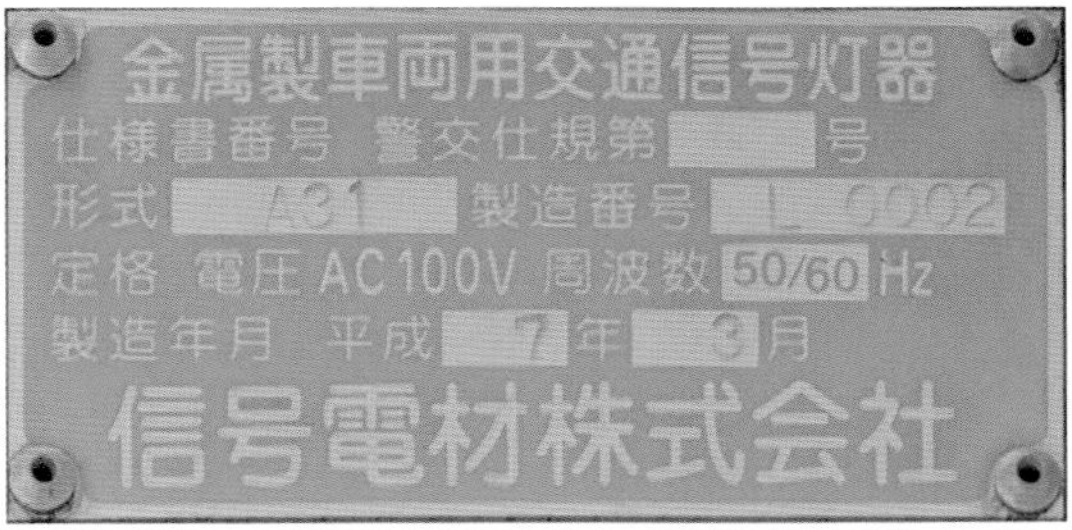

海外展開を進めた糸永一平社長時代

台湾合弁会社ＵＴＳの設立と海外事業

その後、日亜化学のある徳島県でＬＥＤ車両灯器が採用されたりしたが、まだ高価なもので日本での信号灯器のＬＥＤ化は、警視庁さんが２００２年にＬＥＤ車両灯器の本格導入するまで進まなかった。

そんな中で海外の動きは早く、アメリカの西海岸側は信号灯ＬＥＤ化に踏み切るという情報が流れていて、台湾のシリコンバレー新竹ではその市場を狙った半導体需要が高まっていた。そこで我々は、日本向けのLED灯器より先に1998年に海外向けLEDランプユニットの開発を進め、LED灯器を世界に販売しようというLED技術に長けた頼茂名さん（Inwood industries：台北LED表示板メーカー）と合流し、無謀にも台湾（4社）と日本（1社）の合弁会社UTS（Universal Traffic Signal：全球交通号誌器材公司）を1999年に台北に設立した。

台湾で体感したのは、否定から入るのではなくその可能性に対して如何にしたら出来るか？ しかない。円卓を囲み会食しながら酒を酌み交わし議論し、合意に達するとすぐ合弁会社をいとも簡単につくってしまう。その未知へのトライに対して貪欲に挑戦して行く民族性に大いに刺激を受けた。

そして、1999年から世界の展示会にUTSメンバーと出展することで、世界のLED化の先端情報を得る事になる。その年に出展したのは、USAのラスベガス、カナダのトロント、そしてシンガポールだった。

中でもラスベガスでの驚きは、西海岸側の州政府の政策が「州政府の支出を増やさず、民間に託す方法」で信号灯器のLED化を推進していたことだった。州政府は全てのエリアのLED化を決定していた。当時環境問題で電力会社は設備増強出来ない状況にあり、電力の使用量を削減するテーマに迫られていた。5年償却でLED化することで電力料金が下がる差額を電力会社に肩代わりさせ、銀行がそれを担保して、生産メーカー側にLED化の差額分の金額を保証するという仕組みだった。つまり、電力会社がＬＥＤ化の差額分の費用負担を金融機関を介入させることで5年間の消費電力料金減額分で相殺するという。州政府の懐は痛まず、ＬＥＤ灯器メーカーは向こう5年間の生産保証がされて、早期のＬＥＤ化を実現する事で国外輸出の競争力を得るというものだった。

ＬＥＤ素子ＧＹＲの開発は、日本メーカーが世界に先行していたが、その応用技術の速さと官民融合で進める政策の柔軟性ではアメリカが抜きん出て早く、日本政府の対応は遅すぎると実感した。そして、コスト的にも当時の販売価格は日本価格の3分の1程だった。これには、台湾メンバーも驚きコスト競争力をより高める開発の必要性を感じたものだった。そして、翌年の２０００年にはオランダのアムステルダムへと展示会出展し、ヨーロッパの先端情報も知る事が出来た。欧米の信号機は、基本的にケーブルは地下埋設型で信号灯器も縦型（12インチ）で、スタンド式であり、日本のように車道側に張り出すオーバーハングの物は少なかった。上空に架空線が無く、灯器の張り出しも無いので街並みの景観も良く、施工メンテナンスも容易なことが解った。特にパリのシャンデリゼ通りで見たスタンド型の灯器はデザインも美しく、魅了された。信号灯器も色んなデザインがあっても良い事を知った。そして、日本だけが世界標準から外れた形状（３００Φ）だという事も知り、日本はここでもガラパゴスなのだと思った。

欧州、パリの街とスタンド型の信号灯器

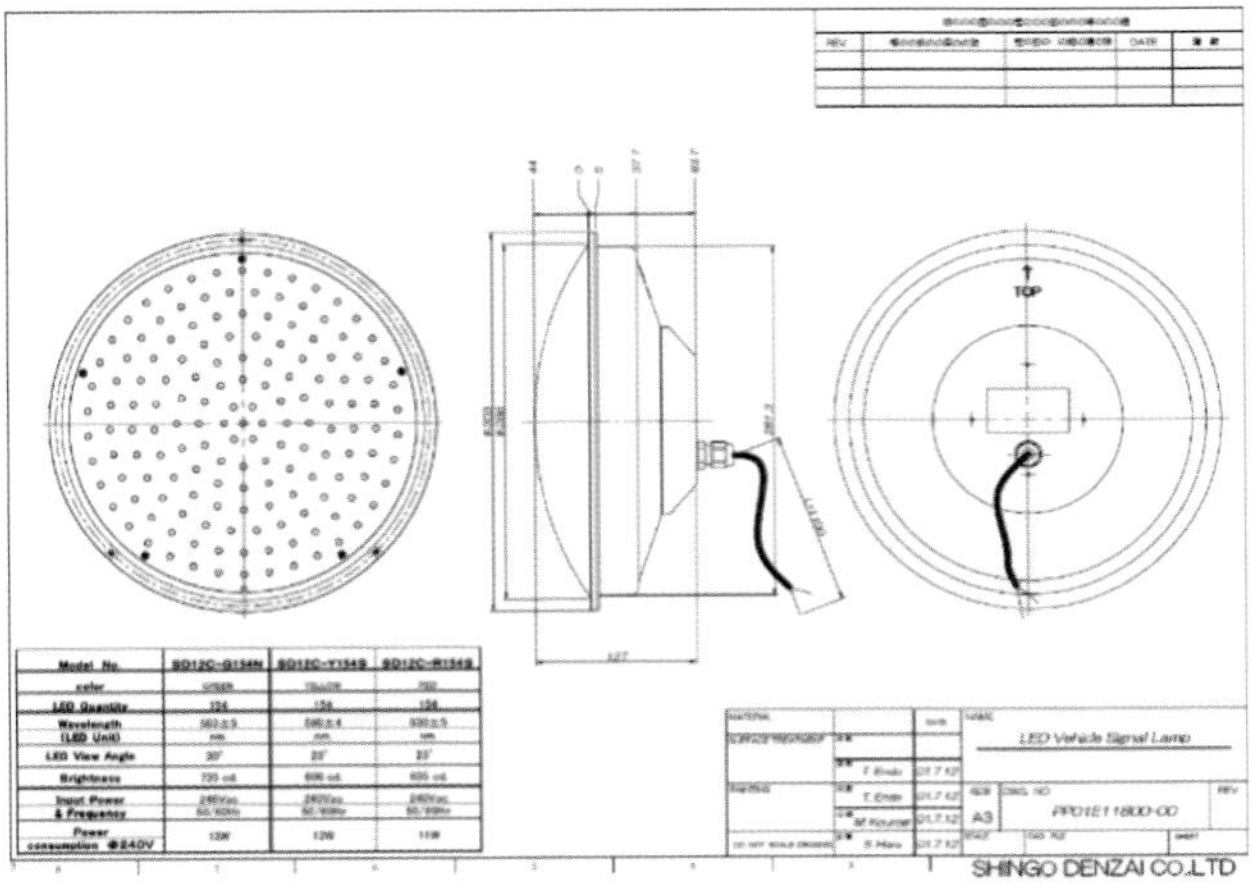

海外向けLEDランプユニット12インチ型

マレーシア輸出での出会い

2000年には、マレーシアの展示会に出展し現地の日系商社であるJ&Mという会社と販売契約を結び、マレーシア・クアラルンプール市内には多くの販売実績を作った。そこで後に当社に移籍し海外事業を担う古閑との出会いもあった。

左端から当時の技術部長：進藤、マレーシアの日系商社J&M：小山社長、糸永、J&M社員：古閑

マレーシア・クアラルンプール市内

日本のＬＥＤ化への波

そして、２００１年にようやく日本の東京でＬＥＤ化に踏み切る決断を当時の石原都知事がされて２００２年からＬＥＤ車両灯器が導入されることになった。警視庁においてＬＥＤ灯器における選定視認評価試験が日比谷公園で行われ、メーカー各社はＬＥＤ灯器開発製品を出展した。この時のポイントは、集中光源のフレネルレンズタイプか素子が見えるディスクリートタイプかにあった。見た目では、集中光源タイプが電球発光に近く奇麗に見えたが、陽が当たると白化現象が起こり、発光色が白光で見えなくなる問題点がある。それを欧米の展示会を回り、西日灯器に拘りのあった我々は、社内の視認試験で認識していたのである。当社はディスクリートタイプを押すことにしたが、大手メーカー各社はフレネルレンズタイプを押していた傾向にあった。警視庁における試験結果としては、その問題点からディスクリートに決定する事になり、日本の仕様は全国的にその方向に定まっていく事になるのである。

それで、我社も国内向けＬＥＤ車両灯器（１９２型：素子数が１９２個）を開発・生産する事になる。その生産ラインは、海外向けのランプユニット生産を行っていた台湾のシリコンバレー新竹で行うこと

警視庁視認試験：日比谷公園広場にて（2002年2月）

でコスト競争力も得たのである。

２００２年に警視庁でＬＥＤ車両灯器が採用され、その年が創業30周年だった。その創業30周年の式典には、国内の7営業所のメンバーと国外（台湾・韓国・マレーシア）から来賓を呼び、この10年の間に知り合ったメンバー集結の場となった。１９９２年から２００２年の間、このように国内販売営業所の設立から海外輸出入を行うという激動期であり、西日対策灯器開発からＬＥＤ灯器開発へと転化する変革の時代でもあった。そして、その中での人の出会いが不思議に繋がってそれらの事が達成していった出会いの時代でもあった。

会長（父）の開発した西日対策灯器の寿命は、10年程のものとなったが当社を信号灯器メーカーとして全国へ知らしめる役目を果たし、台湾との繋がりがＬＥＤ灯器開発と海外生産ライン

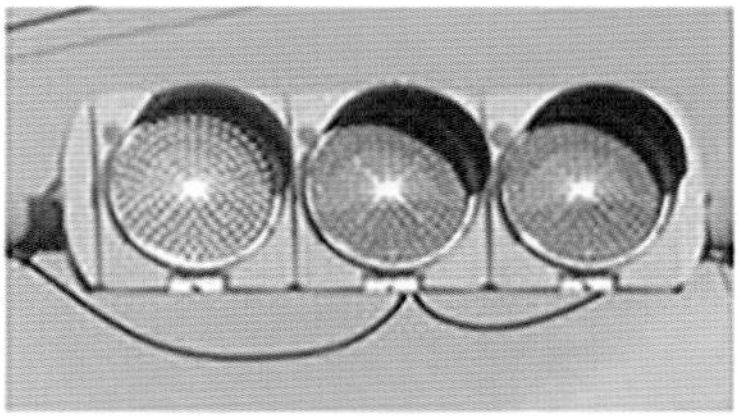

192 タイプ

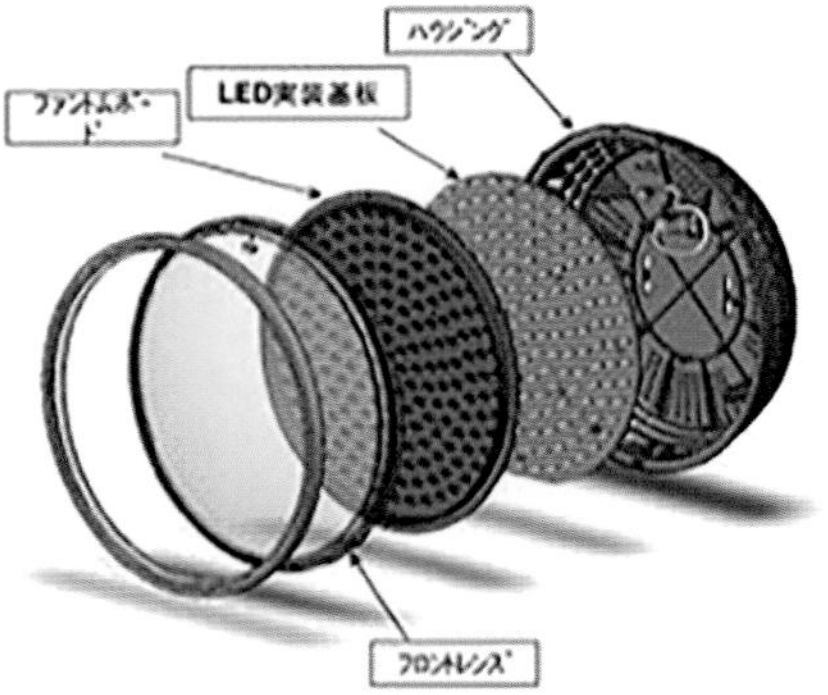

LED192ランプ構造体

の構築となり、海外展示会の出展を通して世界の技術の先端を九州のローカル中小メーカーが知りえた事で、大手上場メーカーと対等に戦えるだけの知識と視界を広げる事が出来たと言える。

ＬＥＤ灯器販売と海外事業の進展

２００３年には、国内ＬＥＤ灯器の生産量も増加したこともあり、台湾のＵＴＳに投資を行い当社からの現地駐在員（古閑）を派遣する事にして海外事業の安定と拡大を進めた。また、２００１年あたりから世界の工場中国の存在が大きくなりつつあって、会長と私で中国への視察を進める事になり、大連、青島などに足を運んでいる。後にアジアビジネスセンターの古森代表と懇意になり、

名誉会長77歳、喜寿の祝い。当時の本社主要メンバーとのスナップ（2001年7月）

中国との深い関りが進むことになる。

当社のLED灯器販売における海外事業は、1997年、台湾、韓国に始まり、2000年、マレーシア・クアラルンプール、2003年、タイ・バンコック、モンゴル・ウランバートル、2005年、カンボジア、イラン、中国・厦門などへ輸出実績を付けていった。

2003年ウランバートル太陽の道

中でも印象に残る、モンゴルの首都ウランバートルへの設置実績は、制御機メーカーの交通システム電機さんとタイアップする事でウランバートル駅から「太陽の道」と呼ばれる産業道路が日本のODAで整備される案件であった。信号灯器・信号ポー

海外展開

ル・照明ポールまで当社の方で担当し、その道路開通式に出席させて戴いた。ウランバートル駅前から真直ぐに伸びる産業道路に我社のＬＥＤ灯器とポールが設置されているのを見て、当時のウランバートル市長のスピーチと馬頭琴の生演奏などを聞き、感銘を受けた。そして、街中を外れると広大に広がるモンゴルの原野があり、夜の満天の星に月明かりで本が読めるという天空に近い大自然の体感は、忘れられないものとなった。

ウランバートル駅

ウランバートル市街

私は、古閑と共に多くの国へ行き、色んな民族の方々と出会い、議論し、ビジネスチャンスを得る事が出来た。それを進める中で、それぞれにドラマがあり、その国の環境や歴史、言葉や肌の色が違えども人の根っこは皆同じなのだなと感じるようになった。

2004年フロリダ展示会

そして、2004年にUTSメンバーの頼さんがアメリカでLED表示板メーカー会社を設立していたという事もあり、再びアメリカのフロリダで展示会を行い、今度こそアメリカへの輸出を実現しようと試みたのである。このフロリダの展示会には、当社の灯器開発において灯器デ

フロリダの展示会場

ザインの協力をいただいていたプロダクトデザイナーの秋田顧問も参加していただいて、海外向けLED信号灯器（CUBIT：後にJIDAデザイン賞）の試作灯器を出展し、フロリダ展示会場の我々出展ブースの評価は良い感触を受けていた。ただ、アメリカの州ごとの仕様の問題もあり、製品化には数億の投資を必要とした。

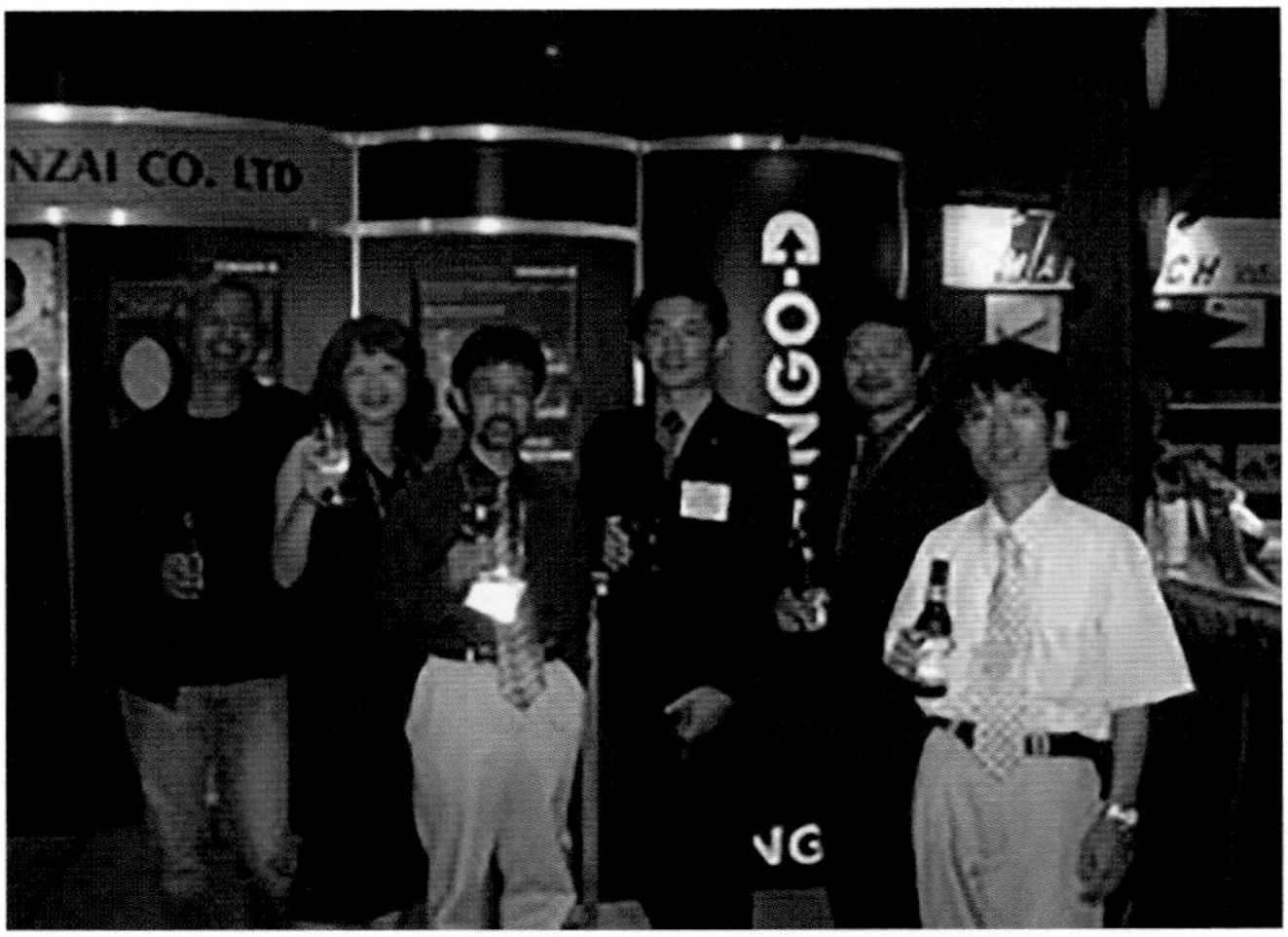

フロリダ展示会にて

海外向 LED 信号灯器 CUBIT
（JIDA デザイン賞受賞）

JIDAデザインミュージアムはこの度、
本品のデザイン、開発担当者の成果に
注目いたし、敬意の念を表明すると
ともに本品の永久保存を希望し、
JIDAデザインミュージアムセレクション
の対象品に決定いたしました。

平成22年5月12日

そして、我々は輸出の可能性と夢を描いて帰国したが、そこで待っていたのは思わぬ社長（兄）からの海外事業継続のストップだった。

思わぬ行き詰まり

信号電材は、一平社長の時代に営業所開設と海外事業を行い、あまたの製品開発に多くの投資を行い固定費は膨らみ続けていた。しかし、その割には１９９２年（21期目）売上：１３７１百万だった業績は、２００１年（30期目）10年後の売上：２８５６百万と約２倍の売上高にしかなっていなかったのである。２００２年は、警視庁のＬＥＤ化にともない売上：３６８３百万と30億台を達成するが、２００３年、２００４年と売上規模は伸び悩み低迷する。

それは、この時期に業界における談合疑惑問題が発覚し、厳しい処置も取られ、業界として自由競争による価格競争が始まっていく。これまでの適正価格販売といった考えが通用しなくなる事で利益率の低下を招くことになる。更に、我社はこの時期に警視庁エリアに設置したＬＥＤ車両灯器の滅灯問題が発生した。原因追及した結果、製品リコール問題となり、半導体製品の品質管理問題に直面する事になる。そして、我社も例外なく価格競争の余波を受け、利益率は低下し２００４年度は、大きな赤字を生み出すこととなったのである。

そういった財務問題を当時の私は社長（兄）に頼りっぱなしの専務で、役割分担として攻め側ばかりを構想し、その夢の実現へと走りつづけようとしていたのである。しかし、経営実態の現実を突きつけられる事になり、自由奔放の専務職から、経営の最終責任を負う重責なる社長職を担う事になるのである。

○一平社長時代年表（ランプユニット開発、海外展示会出展）
・1992年1期：車両灯器ランプユニット（92B型：疑似点灯防止型灯器）開発成功
・1993年2期：警視庁西日灯器採用、韓国電機交通との交流
＊日亜化学：青色LED開発・実用化の公表
・1994年3期：歩行者灯器ランプユニット（94B型：疑似点灯防止型灯器）開発成功、LED灯器研究開始。
・1995年4期：95A型ランプユニット開発、LED矢印灯器生産・販売
・1996年5期：社長・専務・塚本、人事異動。製造部改革、パート社員のアウトソース化
・1997年6期：台湾との輸出入計画活動（ランプユニット生産、販売）
・1998年7期：98Bランプユニット開発、韓国電気交通、迎曦商業有限公司との取引開始
・1999年8期：海外向LEDランプユニット開発、台湾合弁会社UTS設立、ラスベガス・シン

ガポール・トロント展示会
・２０００年9期：アムステルダム・韓国展示会出展（海外向けＬＥＤランプユニット開発）
・２００１年10期：国内向けＬＥＤ灯器開発（１９２型）台湾・マレーシア（Ｊ＆Ｍとの交流）展示会と海外向けランプユニット輸出
・２００２年11期：警視庁ＬＥＤ車両灯器採用。30周年記念式典（来賓：韓国、台湾、Ｊ＆Ｍ、北王）、中国サプライヤー視察
・２００３年12期：ＵＴＳ台湾への投資：現地駐在員（古閑）派遣。ＯＤＡ物件モンゴル・ウランバートル太陽の道（信号灯器・ポール輸出実績）
・２００４年13期：フロリダ展示会出展（海外向けＬＥＤ灯器ＣＵＢＩＴ開発）。＊経営赤字
・２００５年：＊社長交代：三代目康平社長（50歳）、社内リストラ、人事制度改革。台湾ＵＴＳクローズ、中国へ

Ⅲ　三代目　康平社長の時代

35期〜50期（２００5年〜２０２0年：15期）

行き詰まりからの出発

創業者の次男、糸永康平は当時50歳で社長就任する。

それは、二代目一平社長時代に日本全国への営業所開設と海外事業を行い、あまたの製品開発に多くの投資を行う中、売上利益と固定費のバランスが急激に崩れてゆく中で、業界の価格競争が始まり大きな財務悪化を生じた事で一平社長はその責任を取り辞任し、三代目社長が体制改革を行う事を命題に就任するというものだった。

三代目社長　糸永康平

私は兄と真逆な性格で、必要であれば平穏で静かな池に大きな石を投げこむタイプだった。中学・高校は器械体操部の体育会系で、大学時代はヨットの部活もやった。笛吹けど踊らずの学生自治会活動もやり工学部だったが詩や小説を書く学生メンバーを集めて同人誌を結成して街中で売ったりもした。社会人になってからは、山登りで冬山や岩壁を登るルート開拓とかが好きで、家族が出来た後も家族旅行は高級なホテルよりバックパッカー宿に泊まって風変わりな日本の若者や異国の人々との出会いが面白く、東南アジアやアフリカなどへの旅を好む変わり者だと言われていた。信号電材に入社後もよく父と対立し、兄が仲介役で収めてくれていた。その為、父からあまり褒められた記憶が無い。

そんな我儘で外の攻めばかりを専務職で自

由奔放にやっていた者が社長として務まるのか？　本人が一番不安だったが、状況が状況だけに社内改革の急務に迫られ請け負うしかなかったのである。

就任後の3年、三代目社長に求められたもの
34期／35期～37期（２００５年～２００７年）

私が先ずやらなければならなかった事は、年功序列制度の廃止だった。成果主義制度の導入により若くても意欲があり有能な人材を上位職に抜擢できる人事制度改革を行い、全社員に求めるものとして、場所と職種を選ばず対応できる人材である事だった。それを全社員に個人面談を行い伝え、約10年の間、なかなかハードだったが社長と全社員約百数十名の個人評価面談を続けた。私が社長に就任後、その実践として公共事業の需要閑散期である4月から6月の間に社外へ多くの社員を派遣対応したこともあった。また、社長就任した年に決算月を4月から6月に変えて、事業年度の総括と次年度計画をじっくりと練る期間を設けることにした。更にそれまでバラバラに点在していた製造・技術・管理部門の事務所を第二工場の2階を改造してワンフロアー化し、社長室なども無くした。管理部門との情報共有を経営直轄で意思伝達のスピードと意識づけを進めたのである。そして、他にはない生産効率の良い製造ラインの構築を重視した。大牟田事業所（灯器・ボックス類の製造部門）は、信号灯器やボックスの表

面処理・塗装・組立を一貫して流す事が出来る生産ラインを構築し、需要閑散期に出来るだけ自分たちの手で工夫して作り上げる事を目指した。荒尾事業所（ポール構造物製造部門）においても同時期に信号ポール生産のプラズマ加工から溶接加工などの自動化や仕上加工のライン化について、出来るだけ自分たちの手で作り上げることを目指した。

これは、後にＪＩＴ生産活動の導入と絡まって現場からの自主改善活動で、我社独自の生産ラインを生み出すことに繋がっていった。また、画期的なコストを手に入れる為、海外事業部を販売から調達をメインとした事業転換を行った。世界の工場として成長過程にあった中国で調達を進める為、自らが精力的に北京・大連・青島・上海・蘇州・杭洲・寧波・厦門・広州・深川・香港などへ協力工場の調査訪問を行い、台湾の合弁会社ＵＴＳをクローズし、上海に拠点を移すべく古閑海外事業部長と事を進めた。

製品開発としては、顧問として協力いただいていた秋田デザイナーの指導のもと他社との差異化をすべく機能性とデザイン性を高めたＬＥＤ専用車両灯器薄型筐体を開発した（２００４年）。２００５年には機能・デザインに拘ったＬＥＤ専用薄型歩行者灯器筐体を開発し２００６年に量産化した。この後、国内の信号灯器は全面的にＬＥＤ化されていく事になっていった。

そして、営業部門は競争力のあるコストと対応力のあるスピードを手にすることで他社との競争力を付けることができた。これまでに設立してきた全国の7つの営業所活動は活性化し、販売シェアを上げる事に繋がっていくようになったのである。全営業部門の努力もあり、売上高は就任前約35億円台だったが、3年後には40億円台へと増収した。

LED 化に伴い筐体は薄く軽く、フードは短く進化

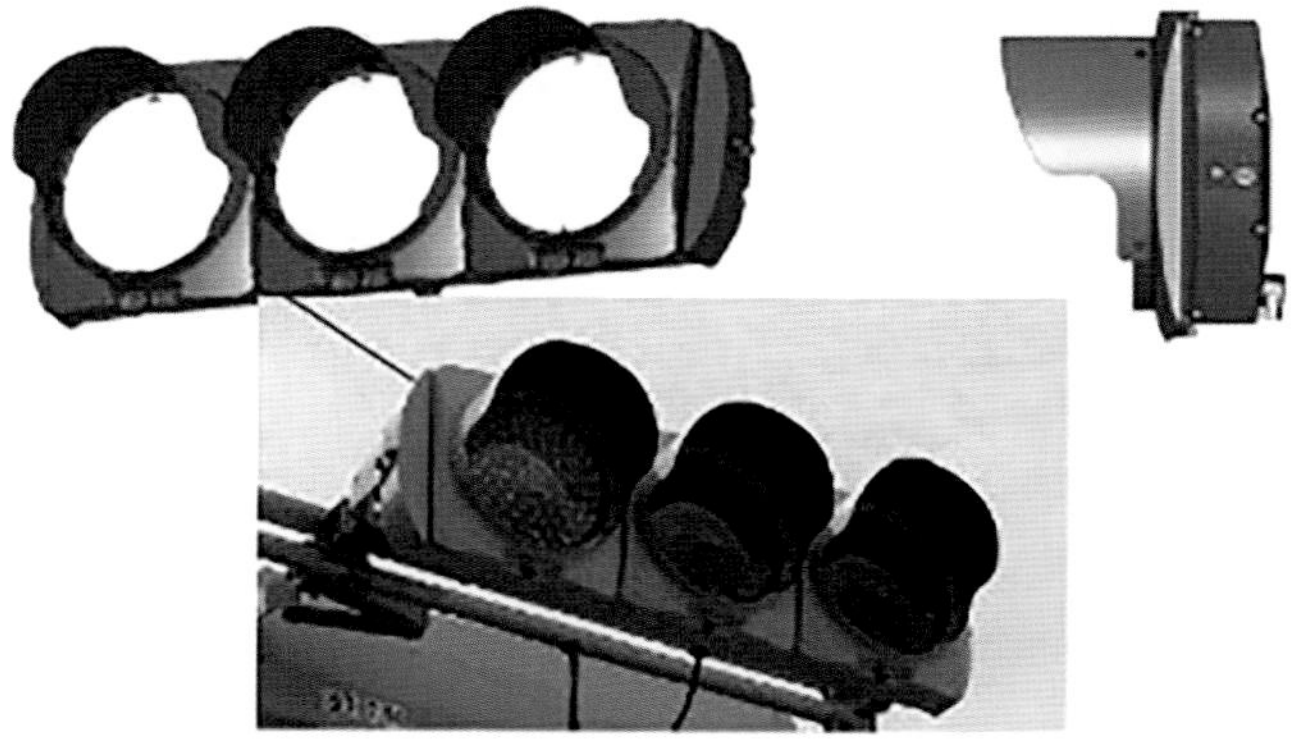

開発したLED専用車両灯器薄型筐体（2004年）

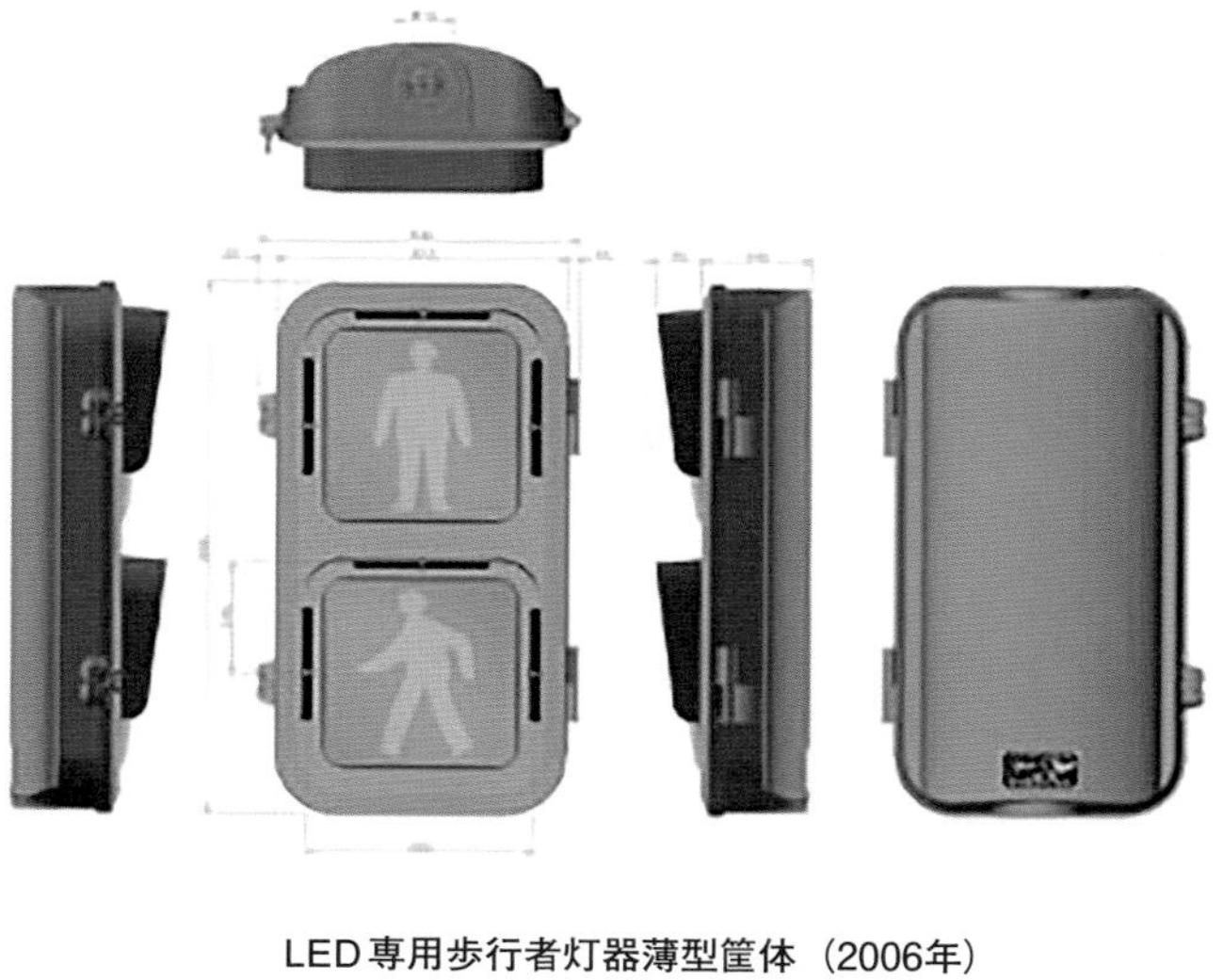

LED専用歩行者灯器薄型筐体（2006年）

社内行事と社長ブログと社長業

業務改革は短期間の内に厳しく進めたが、業務以外では意識して全従業員参加で取り組む社内行事を増やした。1月：仕事始めの安全祈願神社参拝、2月：厄払いの豆まき、4月：花見、5月：経営計画発表会、7月：夏祭り総踊り参加、8月：信荒祭地引網、12月：仕事納め餅つき。と、出来るだけ派遣社員メンバーも一緒に参加できる全社の場づくりを心掛けた。これらの行事は、今でも続けている。

また、社外へのアピールとして就任1年後に社員から勧められて社長ブログを書き始めた。社長としての発信ブログは難しいものもあったが、過去を振り返る約15年間の公私の記録として振り返る事が出来て、やって良かったと思っている。

こう書くとすんなり事が進んだかに思われるが、内部改革を進める中で、離職していく者も多々あった。派遣会社を設立させ雇用の場づくりをしたり、多くの教えを頂いた台湾から中国への転身もなかなか辛いものがあった。

社長に就任して今期で15年目になるが、一度として平穏なる一年を過ごした事はなかった。毎年、何かしら今まで体験した事の無い内外に波乱の出来事があり、その都度、社長判断を迫られた。だが、それを乗り越える事に内なる喜びがあったように思う。毎年ジェットコースターのように、上がったかと思うと急降下するような絶叫が続くのである。

各種社内行事

そして、一平社長は信号電材の会長となり、前述した人材派遣会社ＨＣＣ（ヒューマン・コミットメント・センター：２００５年7月設立）の社長と、大牟田市の第三セクター有明ネットコム（通信事業会社）社長も兼務している。今では商工会議所の副会頭などもこなし大牟田市の活性化の為に貢献し、多忙な日々を送っている。

波乱の出来事と業績向上の５年

38期～42期（２００８年～２０１２年）

この時期は、世界にそして国内にも波乱の時代であった。２００８年9月15日、米国発のリーマンショック金融危機。２０１１年3月11日、東日本大震災、福島原子力発電所炉心溶融事故。そして、２０１２年12月2日、山梨県笹子トンネル崩落事故。これらの金融危機や自然災害などは世界経済、日本経済に深刻な打撃を与え、我々インフラメーカーにとっても大きな変化要因となった5年であった。

売上高50億台達成と製造部ＪＩＴ活動

当社は、就任5期目（39期：２００９年）に売上高50億台を達成する。それは、リーマンショック（２００８年）による日本の民需経済の悪化を官需で下支えをする公共事業の財政出動政策で、道路におけるポール構造物整備への大きな投資が行われ、その特需獲得を当社は積極的に行った。また、ＬＥＤ灯器販売や信号ポール販売においても順調に全国受注拡販を推進した事で両輪が回り、大幅に増収となっての50億台だった。

また、この時期に製造部門は、２００８年より取引先ＯＥＭメーカーのＪＩＴ（Ｊｕｓｔ Ｉｎ Ｔｉｍｅ）活動の指導を受けており、最初の導入は外圧での活動だったが、その指導役の方の熱意もあり製造現場からのライン改善活動が活発化していった。そして、ＪＩＴ活動から当社独自の信号灯器生産ムービングライン（動く屋台生産方式）が形成されていく事になった。信号灯器の一日当たりの生産量は、１００灯／日だったものが２００灯／日となり、現在では３００灯／日まで生産可能となる改

圧迫感のあるトラス式から圧迫感を抑えたダブルアーチ構造へ

善活動が現場主導で進んでいくのである。

その成功事例を受けて、荒尾事業所の信号ポール製造ラインにおいても鋼管のプラズマ・カッティング自動機を導入し、画期的な1個流しのポールを縦に流すゴーウィングラインが形成されていく事になった。信号ポールの多品種生産でも飛躍的に効率が良く、未熟練作業者でも生産が可能となり、全国の営業受注に対応できる体制となっていったのである。

また、技術部設計部門においても信号ポールにおける構造計算や図面の自動プログラム化と製造現場へのプラズマ加工機データの連動など、当社独自の自動化も進んだ。全国の信号ポールオーダーを少数メンバーで対応できる設計組織となっていったのである。

更にこの時期の製品開発においては、

２０１１年にＬＥＤ車両灯器１０８型を開発（ＬＥＤ素子使用数を１９２個から１０８個に削減）、独自の内部レンズ開発を行い素子数量を減らし消費電力を低減する事で、コストと消費電力の省力化を達成した。これは、翌年（２０１２年）中小企業振興財団における第24回新技術・新製品賞で優秀賞をいただく事になり、当社としても嬉しい出来事だった。

2011年省エネ化＋白化防止対策

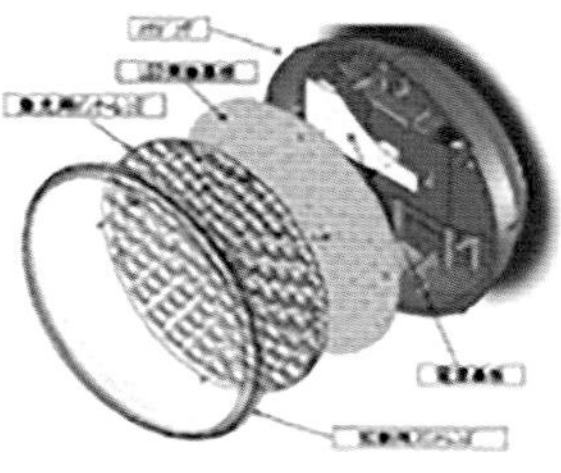

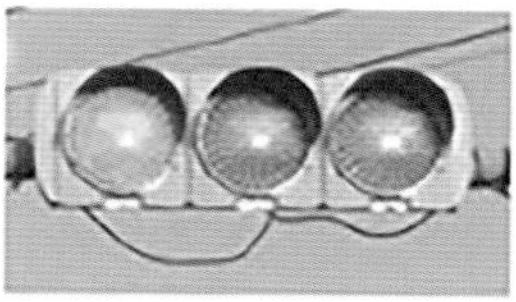

108タイプ

LEDランプユニットの進化

第24回新技術・新製品賞で優秀賞を受賞

大牟田事業所

荒尾事業所（熊本県荒尾市）

グループ会社の設立

我社は、この期間にグループ会社を複数社設立させている。

２００８年７月、海外事業会社としてＵＴＳ上海（ＵｎｉｖｅｒｓａｌＴｒａｄｉｎｇＳｅｒｖｉｃｅＳｈａｎｇｈａｉ中国名：宇拓司貿易　上海　有限公司）を設立。日本向けの輸出加工部品の品質と生産管理を主体とした貿易商社として上海を拠点に活動する事で、中国部品調達を現地の中国メンバーを使って品質と工程管理を安定的に手に入れる事が可能となり、競争力のあるコストを手に入れたのである。上海で海外事業活動していた古閑部長が総経理として就任、現地中国社員を意欲的に育成し貿易商社として活動を広げていくことになる。

２００８年７月、中東ドバイにＵＴＳ中東（英語名：ＵＴＳ Ｍｉｄｄｌｅ Ｅａｓｔ ＴｒａｆｆｉｃＳｉｇｎ ＴｒａｄｉｎｇＬ．Ｌ．Ｃ）を設立。ドバイＲＴＡ（日本の国土交通省に相当）の入札権を取得し、ドバイ・アブダビ・カタールなどへ日本の交通信号システムをアピールしＳＨＩＮＧＯ－Ｄブランドの販売活動を行う貿易商社として活動を行う。塚本取締役部長を現地社長として派遣する。

これは、２００７年あたりから中東のドバイとアブダビに大きな都市開発投資が行われる計画があり、その交通信号システムについて日本の技術に興味をもった王族が経営する商社との繋がりが東京で出来たことによる。ドバイへ訪問する事となり、業界のシステムメーカーとも協業し具体的にＲＴＡとの信号システムの計画やＬＥＤ灯器の現地での評価試験なども行い高評価もいただいて進んでいた。だが、２００８年リーマンショックの影響が大きく、２００９年末クローズする。

UTS上海メンバーとのスナップ

上海外灘の夜景

２０１０年7月、ＳＤ．Ｈｅｓｓ ｌｉｇｈｔｉｎｇ株式会社をドイツ・フィリンゲンに本社を置く照明会社Ｈｅｓｓ社との合弁会社として設立させ、日本におけるライティング事業会社として活動を始める。

これは、中国のＵＴＳ上海が活動する中で、ドイツＨｅｓｓ社長が中国にアジア進出拠点のポール生産工場を調査に来た中で良い工場が見つからず、２００８年に日本の工場を見たいとの縁で当社工場を見学に来たことで、ポールとＬＥＤ灯器を造れる工場を見て驚き、私が２００９年にドイツ本社へ訪問する機会を得て創業者のＨｅｓｓ氏と会い、ドイツ50％日本50％の合弁会社を日本に設立する合意となった。それで、我々はドイツの照明技術を土台とする照明会社を日本に設立する事になったのである。我社は、これを機会に照明事業に参入する事になる。そして、２０１４年にはドイツ側の株式を取得し日本独資の照明会社としてＳＤＬｉｇｈｔｉｎｇと社名変更し今に至る。

UAEドバイのRTAとの会合スナップ

UAE敷地内にてLED灯器の国際的品評会

ドイツHess本社を訪問し、合弁会社を設立

２０１０年７月、ＳＤエンジニアリング株式会社を北海道札幌に本社を置く北王通産株式会社（電気工事業）の社名を変更して、関東地区埼玉にも拠点を置く電気工事会社として設立する。

これは、名誉会長時代から北海道で当社の販売代理店として活動していた北王通産の社長から会社の事業継続の委託（２００５年）を受けて株式譲渡を私が受ける事になり、当社のグループ会社として事業継続を進める事になった。私は工事業の経験はなかったので、初代社長はプロパーから、二代目は我社からと繋いだ。当社の外部取締役営業部長を経験し、広島のシグナル電子社長でもあった中村一郎社長の経営手腕に期待し社長を委託した（２０１３年度～２０１７年度）。経営改革を推進してもらうことで交通信号工事を主体とし保守メンテナンスを行える会社として北海道と関東地区において当社と協業し成長している。

以上、ＵＴＳ中東はリーマンショックの経済的ダメ

東京ビックサイト ライティングフェア出展

東京ビックサイト

ージをドバイは大きく受けてしまいクローズしたが、先に設立させていた人材派遣会社ＨＣＣ、海外事業会社ＵＴＳ、照明会社ＳＤＬ、電気工事業ＳＤ・Ｅの現有４社のグループ会社を保有し、それぞれの役割を担いＳＤグループとして活動している。

糸永康平社長時代に経営者研修、創業40周年

好調の中の不祥事と名誉会長の他界　社葬と大震災
39期～41期（２００９年～２０１１年）

しかし、前述したように経営は有頂天になって慢心していると、ジェットコースターのように急降下する。

私が経理的知識も経験も無かった為、経理財務においては古からの経理課長に一任していた事で財務はブラックボックス化していたのだが、信頼し放置してしまっていた。しかし、社長就任五年目（２００９年）あたりから経理財務業務において不祥事が発覚し、経理課長を解任。その翌年２０１０年に、

大牟田文化会館大ホールでの社葬

国税局調査も入って心身ともに疲労し大変な思いをする。だが、おかげでそれを起点に同族経営による不透明な財務も一新できて、組織も変わり財務内容の透明度は増し、今では誰もが見れる財務体制に変える事が出来た経緯がある。

そんな経験をしたその年の暮、私の社長就任時に名誉会長となった後、床に臥せるようになっていた父が、２０１０年12月30日に86歳で他界した。未だ人間不信と精神的ダメージが抜けぬ中、何か意味深に感じ「しっかりせい、一から出直せ！」と他界した父から言われているようだった。それで私は、坊主頭にして葬儀委員長を務め、『和と結束』をテーマに喪主の会長の下に全社員で初めての社葬準備を執り行う事とした。これまでのお世話になった国内海外の方々をお呼びするのに町の葬儀場では入りきれず、翌年２０１１年１月14日に大牟田市文化会館大ホールにて創業者の他界を社葬として執り行った。国内外から多くの方々に列席を頂き、古く懐かしいＯＢ社員たちの姿も見かけ、１０００人収容の大ホールが８割ほど埋まる列席者を見て、改めて創業者である父のこれまでの功績と人の繋がりに敬意を表した。

そして、社葬後の３月11日、私はドイツメンバーと共に合弁会社ＳＤ・Ｈｅｓｓ Ｌｉｇｈｔｉｎｇの第１回ライティングフェア展示会開催で東京ビックサイトに居たが、何とその展示会最終日に東日本大地震をライティングメンバーと共に体感した。展示会場は大きく揺れて、駐車場に避難したが路面のアスファルトがコンニャクのようにゆがみ動いて「社長、生きてるって当たり前の事じゃないんですね……私これからもっと一日を大事に生きていきたいと思います」と受付担当で参加した若い女性社員が言っていたのが心に残った。その日は、帰ろうにも全ての交通機関は動いておらず、東京全体が帰宅難民と化していた光景は今も忘れられない。阪神大震災ばかりか東日本大震災も体感する悪運の強い社長である。

経営とその永続性の追求

また、社長3期目を終えた頃（2008年）、色々と経営ジャッジを迫られる中、「何を経営判断指針とするのか？」「何のために経営するのか？」について当時の取締役管理部長だった佐藤とよく議論していた。彼との議論の中で、「経営理念」を判断基準とし経営を次の世代に繋いでいく事が経営の重要課題だとなり、当社の「社員心得」を基にした次世代経営者の育成研修をやろうという事にいきついた。それが、我社独自の「次世代経営者育成研修：ＳＤ会」設立に繋がっていくことになる。

『　経営理念　』

経営活動をとおして
人を創り
叡智を結集し
安全安心のものづくり技術で
社会に貢献する

次世代経営者研修：ＳＤ会について

常に時代の変化と共に外部環境変化が起こることが事実であり、その変化対応力を問われる経営者が身につけるべきものは何か？　それは、経営学的知識もあるがそれにも増して、起こり来る課題に対して逃げず、諦めず向き合う人間力の向上が重要だと思い到った。社長に就任して数年の経験だったが、企業の永続性を念頭に、私の次の経営者を同族経営から脱皮して、社員から生みだしたいとの想いから、２００８年４月に「次世代経営者育成合宿研修：ＳＤ会」を発足した。

それは、私が外部を頼るコンサルを好まなかったこともあり、２年間研修として２回／年の合宿研修プログラムをコンサルなどを使わず当社独自で生みだすことでスタートする。

『　社員心得　』

私たちは
固定観念にとらわれない発想で
素直に聴く耳と
物事の本質を視る眼を養い
人と共に行動できる
そんな人をめざします

しかし、発起に深く携わっていた私の重鎮であった佐藤は、その年の10月10日に大腸がんの為、彼が思い描いていた「ＳＤ会」研修に参加できずこの世を去った。その為、第一回研修は、会長に急遽対応してもらって、会長・社長が第１期生の世話係を務めた。

自薦他薦で10名以内、受講意欲のある者が必要条件で全管理職から募集し面談し選出した。

ＳＤ会研修の目的は、知識習得の場ではなく、主に「人間力の養成」に重点を置いた。当社の「経営理念」「社員心得」を体感体得する事を志し、組織リーダーとしての人間総合力、その原点の理解・修得を目指す。そして、集団生活を通じ全ては自ら生みだし、その一体感を体得し、未来を描くとした。

また、研修心得として、全員が講師であり、全員が生徒である事とした。常に素直に聴く、素直に視る、を心掛ける事、考える基本に「人と共に行動する」を指針とする事とした。

研修内容は、起こる事への対応力思考力を磨くために一切オープンにせず、集合場所と時間のみ知らせることから研修がスタートとし、時間厳守、皆で決めた事は必ず守るを徹底した。そして、その都度、与えられたテーマに対して真剣に向き合って、研修メンバー全員で考え、答えを導き出すことを求めた。教え諭すのではなく、全ては自らが生み出すことを求めた。その中で「自分の固定観念とは？」を知る場づくりの用意を心掛けた。

そして、研修の主題テーマは、極めてシンプルにして、その本質的追及を実践する事にした。

- 第一回研修：「知る」「聴く」
- 第二回研修：「視る」「向き合う」
- 第三回研修：「自分を知る」「嫌なことをやってみる」
- 第四回研修：「選ぶ」「覚悟を決める」

研修内容の細かなところは書けないが、私は合宿研修の世話係として毎回、研修を企画し参加したが、

1期生の研修先・中国上海にて

この合宿に参加した後は数日使いものにならないくらいエネルギーを消耗した。どうしても指導しようとする癖があり、研修メンバーの思考を邪魔しないように「限りなく待ち、聴く」を行い主題から外れたり、真剣さが無い者には厳しくその事を伝えるという役割が精神力を要した。何年か続けるうちに自分の中にある、教え諭そうとする驕りみたいなものを外していく事で楽になったことを覚えている。研修テーマへの固定した答えは無く、そのメンバーによって生み出されるものは多様で面白かった。もともと人が持っている能力は計り知れない。それをいつの間にか、これまで生きてきた外部環境（親や学校や社会）によって、自分を規定してしまっている事が多い。固定観念を外し、自分の持っている可能性を知ることから人は進化していくのではないかと、この研修の世話係をして感じるところがあった。

この研修の特色に少し触れておくと、例えば、第三回研修における「自分を知る」「嫌なことをやってみる」の実践では、1期生は、2009年5月に中国は初めてという研修メンバーと中国上海へ渡った。ＵＴＳ古閑総経理から中国についての研修後、二人ペアーにして阿弥陀くじを引かせて、お金はあまり渡さず、北京・西安・成都・桂林という当時はまだ新幹線もない鈍行列車で数日掛かるところもあったが、廻らせた。自力で汽車のチケットを購入し、目的の場所での写真を撮って上海まで帰って来るというサバイバル研修を体感してもらった。

2期生は、東日本大震災が起こってまだ間もない２０１１年6月に、宮城県石巻市に1週間ほど行った。ボランティア活動の場所探しからはじめて、石巻市渡波小学校周辺の復興活動を行い、女川町立病院の高台にある駐車場にも足を運んだ。その息を呑むような悲惨な現場を見て、そこで生き残った人の体験を聞き、避難所のボランティアにも参加して、想像をはるかに超えた津波の破壊力と避難された方々の苦労されている現場を体感した。

3期生は、２０１５年11月に茨木県常総市水害ボランティアへ1週間ほど参加して活動した。台風18号の通過に伴い北関東を中心に記録的な大雨が降って鬼怒川《きぬがわ》が決壊し常総市全体が水没するという大水害だった。3期生も災害ボランティア活動の研修だったが、泥まみれになりながらも全国から集まったボランティアメンバーと交わり、非日常を体感する中で、自分と向き合っていくことを体感してもらった。全国から集まって来るボランティアメンバーと知り合って、日本もまだ捨てたものではないと感じたものだった。

２期生は宮城県石巻でボランティア活動

津波に襲われた女川港

３期生は茨城県常総市でボランティア活動

以上のような、非日常を体感する独自な研修である。

この合宿研修は、１期生、２期生と繋いでいく中で、ＳＤイズムを継承し社内文化としていこうという機運が生まれた。ＳＤ会卒業生から一般職へも繋いでいきたいとの提案があり、２０１３年度から一般職合宿研修（ＮＦ会：ＮｅｗＦｉｅｌｄ）も発足し、進んでいく事となる。

この研修の成果として、研修卒業生から部門長や所属長やマイスターが生まれ、次世代の経営メンバーとして育った。現取締役メンバーは、この中から生み出されていったのである。ＳＤイズムの継承としてこの合宿研修を継続する考えもあったが、無理強いするものでもなく、自発的自由意志の立候補者が定員に満たなくなった時点で区切りをつけた。それは、当初目的の後継者候補もはっきりしてきたこともあり、私の気力の衰えも見

ボランティア活動

えて、このＳＤ会、ＮＦ会共にこの研修は、３期生２０１６年までで一つの区切りをつけた。

しかし、何が起こるかわからない混沌とした時代。起こり来る事象に対し、眼を背けず向き合い、自らを進化させ続ける組織集団を目指す上では、こういった研修がまた必要となっているのかもしれない。

震災翌年の創業40周年式典
41期（2012年5月）

2011年の東日本大震災は、リーマンショックの経済ダメージからまだ立ち直れない日本経済に更にダメージを与えた。福島原子力発電所事故は、東日本の電力問題となり電力の省力化は大きな命題となり、信号灯器のLED化は主要都市で促進される事になる。そういった要素もあって、2011年度のLED灯器販売は初めて33000灯を達成し、販売シェアは約30%を超えるまでになって、売上高は特需がなくても50億台をキープできた。

その年度の第四四半期2012年5月12日に開催した創業40周年は、震災問題で外部環境としては祝い事の自粛の中にあり、基本的に内輪の会として外に対する派手な祝宴は避けた。ただ、深く関わりのあった国内外の来賓の方々はお呼びして、創業40周年のテーマを「ありがとう40年家族の支えに感謝」として全社員の

創業40周年は家族への感謝の会とした

家族に参加してもらって各社員の家族への慰労も兼ねた式典とした。おかげでドイツ・中国からの来賓やグループ会社メンバーからも参加してもらって、結果としては多くの方々から祝福していただき、盛大な内輪の会となった。この時の集合写真で全体を納めるのにカメラマンが苦労していて、これだけの人の生活を支える会社になったのだなと実感した。社長としてジャッジはしてきたが、それを実現し支えてきたのはグループ会社を含めた全ての社員メンバーであり、その家族であることをありがたく実感したことを覚えている。

しかし、２０１２年度（42期）については、国内政局の混乱から総選挙となり自民党政権が復活し民主党政権が惨敗する結果となり、公共事業予算の執行はぶれてまともに執行されず、２０１２年度決算は悪化し減収（40億台）となる。だが、２０１２年12月２日、山梨県笹子トンネル崩落事故が発生し、公共道路インフラの老朽化問題が深刻なかたちで日本政府に突きつけられる事となった。これまで新設拡大路線で整備拡大を続けてきたが、その設備のメンテナンスに力点を移さねばならないという認識に切り替わっていく起点となった事故だったと言える。

それで、公共インフラの老朽化問題から次年度において信号設備の老朽化改修として、信号ポールの更新予算が補正予算で組まれる事になり、当社の次年度決算は、V字回復（50億台）する事になる。

信号灯器の低コスト化でシェア拡大、新たな可能性への挑戦

事業予算縮減による業界変化と熊本大地震の4年
43期～46期(2013年～2016年)

前述したように2013年度(43期)は、信号ポール販売が12000本/年を超える販売量となり、V字回復を牽引して増収増益を達成する。また、この時期に当社は、これまで当社を牽引してくれた古参メンバーが高齢化により退職し、取締役会メンバーで経営計画を進めていた体制からSD会研修卒業生から部門長や所属長なども形成できて、若返りした組織での経営会議体制へ移行する事になる。また、私も2015年に60歳の還暦を迎えることになり、社長業10年の節目を迎えることになる。

しかし、経営は慢心していると、ジェットコースターのように急降下する。それは、60歳の厄年の洗礼でもあったのかもしれない。業界において当社の主力製品である信号灯器、信号ポール、信号用ボッ

クスの販売シェアは堅調に伸びて、いつのまにか大きなものになっていた。だが、全国への設置量が増す中で、その供給責任と品質保障の問題は日増しに大きくなっていた事に気付かされることになる。

それは、ＬＥＤ歩行者灯器の赤ランプユニットの滅灯問題が発生し、調査分析する中で過去に生産した拡散型ＬＥＤ赤ランプユニットのロットに不良要素が現認され、ランプユニットのリコールを決断せねばならない事象が起こった。そのロットは、大きなもので全国に広がっており、試算すると数億の損失となる事がわかった。しかし、安全施設を担うメーカーとして経営理念に添いリコールする事を決断する。警察庁にその問題発生の事実を報告して全国にリコールを行う事を報告した。そして、私の還暦の年度である第四四半期２０１６年4月~5月に全管理職を主体としたリコール部隊を編成し、北海道から九州・沖縄まで全国のランプユニット取り換えを実施したのである。そして、悪いことは重なるもので、この同時期の4月14日にＭ７の熊本大地震が発生したのである。私は大牟田の地でそれを体感し、熊本の多くの知人が被災するという凶年の年となる。

当然のようにその２０１５年度は、減収減益となり、社長就任10年において私自身の経営のマンネリズムも感じて、精神力を試された厳しい還暦の1年と２０１６年度も減収するという2年を体験する。

また、そんな時に父である名誉会長が同年齢の時にどうしていたかが気になり、過去を振り返ると60歳から信号灯器開発に乗り出しているのを認識し、自分の甘さを痛感したものだった。そして、そんな中でも可能性の光はあり、諦めず次なる製品開発に賭けていた。

低コスト型信号灯器の開発
２０１４年～２０１６年

この時期から日本の国内道路インフラ事業は、すでに拡張から維持メンテナンスの時代を向かえていることがより顕著になった。交通信号インフラにおいても今後日本の少子高齢化が進む中で税収悪化によるインフラの維持が課題となり、インフラ設備のメンテナンスコストをいかに抑えていくかが課題となっていた。

そんな中で２０１４年6月に警察庁から「低コスト信号機の開発に関する調査研究」というテーマが出される。この中で、当社としては低コスト型のＬＥＤ灯器開発のテーマとして、安全施設の性能は向上させてより長持ちで安価な設備開発の要請があり、調査研究、実機実証試験、仕様化検討を経て２０１６年度に新たな信号灯機の実用化に向けた開発を完了させることになるのである。

ただ、当時のメーカー業界では、交通信号設備事業における予算のピークは１９９３年（約１４６５億：国補助事業約３８６億＋地方単独事業約１０７９億）でありその後、国の補助事業予算が減衰する事は無かったが、地方単独事業予算は縮減していき、２００５年ぐらいから半減し地方単独予算は、約５００億規模となっていく事になる。ＬＥＤ灯器の全国の発注量も２０１１年度をピークに減衰していく事になり、各大手メーカーにとっては事業存続問題となるぐらいの状況下にあり、低コスト化の開発テーマは、どちらかというと否定的なテーマとなっていた。

しかし、我社にとっては、まだまだ拡大市場であり、生産シェアを上げる事が可能な市場であった。それで、社内では「低コスト型信号灯器」というテーマに、社内マインドが今一つ上がらないこともあって、「これまでに無いものづくり、新型灯器を開発しよう。」という目標を掲げ、意欲的に取り組んだのである。

地球環境の変化は、このところ巨大台風、豪雪を発生させていることもあって、自然環境にも強く、シンプルで長持ちし、リサイクルも容易な素材で、より安価な灯器開発を進めた。

当初は、より斬新でデザイン性も追求し、前カバーが樹脂のブラックマスクでボディーがアルミ製の灯器を開発していた。それを警察庁の方々にも現認してもらったが、製品としては評価いただいたものの、日本の仕様としては色々と問題もあるとの事で、最終的には、全面アルミ製に切り替え、改良改善し製品化を進めた。最終的に斬新さは少し無くなったが、強風にも強く、雪国の積雪にも強い。そして、西日対策の視認性もよい製品として新型灯器を製品化した。

開発した灯器の特性として、ランプ部の大きさが３００φから２５０φと小さくなるが、光学性能としては同性能とした。外形もその分小さくなり、フード（傘）部も無くすことで強風にも積雪にも強く省力化され、更に目的のコストダウンを達成する。薄くシンプルな三日月形断面のアール形状にすることで西日による表面反射を抑え、アルミ製で軽くリサイクル性も良いものとなっている。また、フードを無くすことで点灯を見せない技術も必要となって、開発グループの努力により当社独自のインナーフードを開発した。Ｙ字路交差点や高速道路からの並行した合流交差点などにおいてフードが無くてもある角度から見えない信号灯器の製品化を実現する。

この新型灯器の開発により当社は、他社からのＯＤＭ委託生産を受ける事となり、その後の全体発注量は減衰するも、当社の生産シェアは拡大し、生産量は増加していく事になるのである。

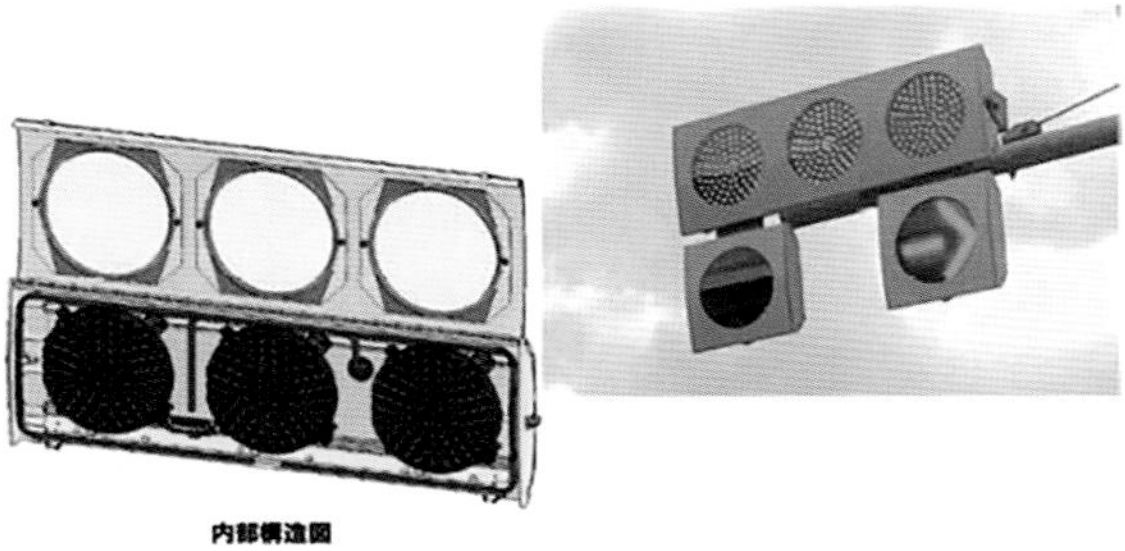

小型化からさらに薄く軽く＋フードレス可

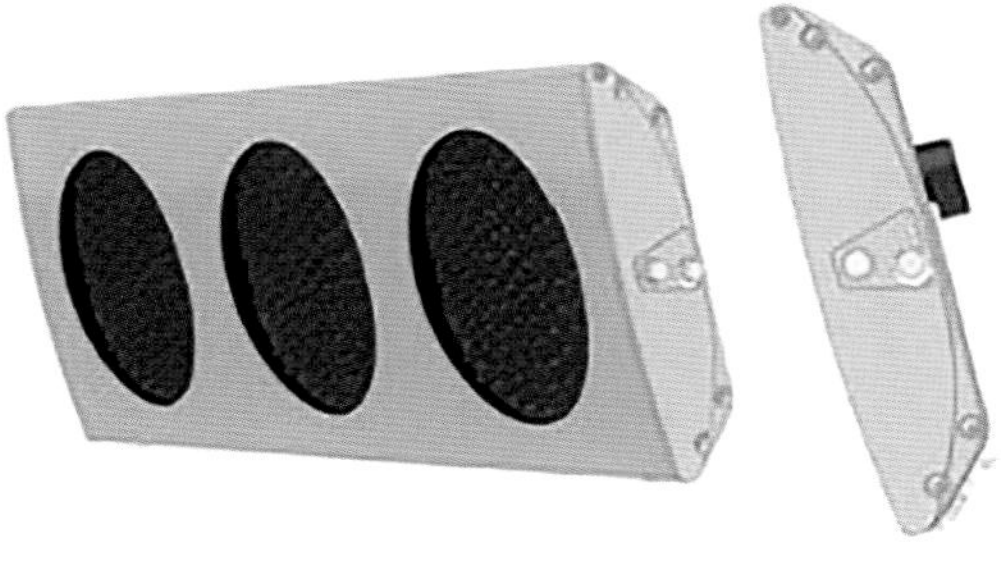

低コストを実現し、災害（着雪・暴風）に強い信号灯器
（2016年）

平成から令和へ新たなる時代への4年
47期～50期（２０１７年～２０２０年）

２０１７年度（47期）において当社は、社員部門長メンバーから新三役の取締役を選任し、若返りした新たな取締役体制をスタートさせた。また、この年から低コスト型ＬＥＤ灯器の全国仕様化が実施され、ＯＤＭ生産のスタートとなった。この事により、需要閑散期における計画生産が実行され、灯器生産ラインの平滑化生産と、無理のない安定した生産活動が実現することで、品質管理・ライン効率・購買面においても向上していく事になる。また、ポール生産部門においてもインフラ予算の縮減は、生産メーカーの淘汰が進むことになり、我社としては生産シェアが上がっていく要素となった。全国からの需要を受ける事で一定量の生産量を得る事に繋がり、売上高50億台を安定してキープできる体制となっていった。

また、生産シェアが上がる事で、全国への物流輸送の量と質の改革を行う必要が生じ、大手物流会社とタイアップし、ＯＤＭ委託メーカーとも協調して進んでいる。当初は、業界独特の細かな対応が必要で、ルールも曖昧だった為トラブルも多々あったが、それも製造部メンバーの努力でルール化も進み対応できるようなり、さらなる物流のプラットホーム化へと進化しようとしている。

２０１８年度（49期）においては、物量が増加する中でのあらゆるデータ管理精度の問題も出てきて、全社のデータ管理の高度化を目指したＩＴシステム改革に投資した。

また当社は、これまで第二工場内２階フロアーにオープンスペースの本社事務所を構えていたが、工場の生産スペースを拡大する必要もでてきて、本社事務所の移転が課題となった。第二工場と第三工場の間にあった旧三池炭鉱三川電鉄変電所で国登録有形文化財の煉瓦建築物を購入し、デザイナーを入れて華麗に改装して、本社事務所を第四四半期である２０１９年４月に移転した。この文化財の新事務所は、福岡県美しいまちづくり建築賞で賞をいただいた。

２０１９年度（49期）においては、30年続いた平成から令和元年となる年となり、様々な意味で価値観が変わる時代となった。事務業務の自動化や作業のロボット化、そして車の自動走行化に必要となる通信革命５Ｇ化が話題となり、データ集積とその活用価値が重要度を増す時代

歴史的煉瓦建築物（国登録有形文化財）を改装した本社オフィス（2019年）

本社のエントランス

の到来となった。

そういった外部環境変化において、社内においてもＩＴシステム機能の高度化としてＪＴＰ（情報資産の体系化プロジェクト）、ＶＤＩ（仮想デスクトップ基盤）システムの導入とその有効活用を進める経営判断を行った。これは、後の２０２０年１月に新型コロナウィルス感染が急速に世界的に広がる中、企業は在宅業務を強いられることになるが、この先行投資のおかげで当社は比較的スムーズに対応できる事になる。

また、２０２０年６月には５Ｇ基地局を信号交差点に配備する計画が政府から発表され、全国への５Ｇ配備が２０２３年度から実施される事になっている。つまり、縦割り行政では成しえなかった信号交差点設備に総務省による５Ｇ化が進むことになる。

新たな可能性への開発

　我々は、国による交通インフラ予算によって左右される交通信号事業以外での事業開拓も進めている。

　それは、都市インフラ機能の集約化をテーマにした『スマートポール』。これは、グループ会社のＳＤ Ｌｉｇｈｔｉｎｇによる開発製品で２０１５年３月のライティングフェアにて出展していた。照明・カメラ・センサ・

2015年ライティングフェアに出展した「スマートポール」

サインボード・インターフォンなどを1つのポールに集約化する製品で、灯具やポールを生産する我社ならではの機能集約型のポール型端末装置である。今後の都市におけるスマートシティー化や5G化においてその価値が芽生えてきており、通信メーカーともタイアップしその可能性を追求している。

これもSD Lighting事業の一つだが、ウィルス感染問題で室内から屋外空間への活用と都市集中型から地方分散化が進む要素が広がり始めており、地方創生は重要課題となっている。その中での提案プロジェクトとして、屋外空間の活用をテーマに街路照明にパラソルやシェードを取付けられ、電源引き込みも可能とする事で、街並みの景観を損なわず市民参加型のマルシェなどの導入にも効果的な設備の製品化

屋外空間の新活用を提案するNPL（New Public Lighting）』

影絵スポットライト（水木しげるロード）

がある。また、地方の特色を魅力的に引き出す野外照明と屋外常設型のプロジェクションマッピングを導入する事で、夜の集客を行い食事と宿泊を促進する事で地方への経済効果を促進し、『NPL（New Public Lighting）』という「ことづくり」提案も進めている。

また、SDグループの「安全安心」のテーマから地球環境の変化による自然災害は毎年大きなものとなっており、その災害発生における対処の訓練も重要度を増しており、当社はプランニングネットワークというコンサルティング会社とタイアップして、その『災害訓練ユニット』の開発と生産に携っている。今後の地球環境変化における災害対策として現場の第一線で対応する人の安全安心も考えていきたい。

更に、交差点の5G基地局化により交差点インフラからの情報収集データと発信力の価値は高まると思われ、人感センサーや気象情報収集端末や交通情報入出力端末などの整備など、我々が担うべき役割の可能性も広がっていくと考えている。

多様な自然災害現場を再現した訓練が可能に

災害救助訓練ユニット

安全かつ効果的な救助活動を実施するための技術向上のために

第2章　50年を振り返って

1　創業50年、ＢＯＸ製品の開発と開拓史

会長　糸永一平

信号電材前史

信号電材の始まりは、東京の合資会社工業社という工事会社に勤務（１９６２年～１９６７年）していた創業者である父、糸永嶢《たかし》が遅咲きの48歳で創業いたしました。

東京の交通信号工事業者である合資会社工業社は、遠い親戚の水町さんが社長で、京三製作所の工事代理店をしていました。京三製作所さんと当社は、アルミ灯器開発でも縁がありＯＤＭ生産でも一番のお得意様で不思議なご縁でつながっています。その会社に大牟田市で下駄の小売り経営に見切りをつけ、糸永嶢は東京に活路を求めたのです。

当時、足立電材さんが工業社の工事用材料（電材金具・ＢＯＸ類）仕入れ業者で、ライバル会社として明和電機㈱さんがいらっしゃいました。しかし、約５年間に亘り務めた会社でしたが、糸永嶢は独立心の高い自分の生き方を全うするために工業社と袂を分かち、九州で足立電材さんと同じ事業を開始することを河合社長（足立電材の社長）と合意して、個人事業主という形で故郷に錦の旗を掲げ、帰郷しました（１９６７年12月）。

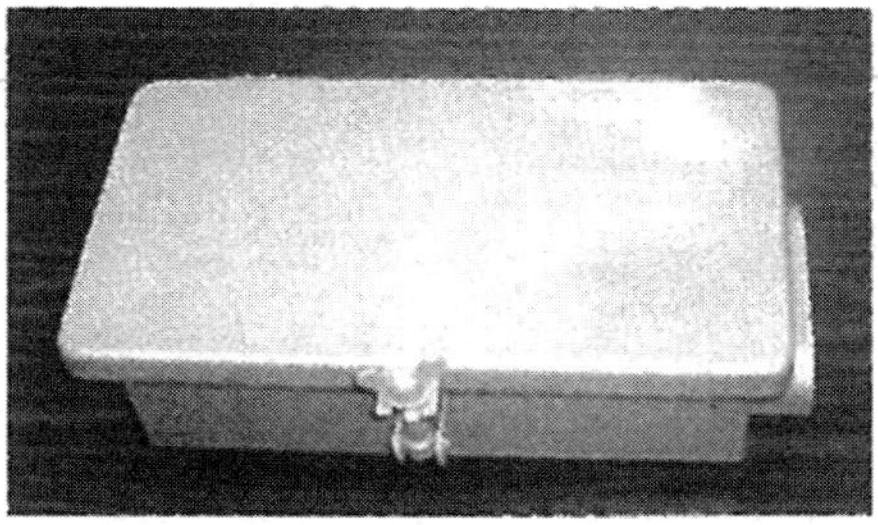

写真１　東京スタイルの端子箱

足立電材福岡営業所を立ち上げ、九州地区の信号業者さんへ営業開拓を始めました（１９６８年）。信号電材㈱の始まる前は、足立電材㈱の代理店だったのです。

九州最大の信号工事発注があった福岡県は、㈱大電（久留米）さんが電話通信用の端子箱を強電用に改装した端子箱が仕様になっており、東京スタイルの端子箱では受け付けてもらえませんでした。

熊本・鹿児島・宮崎・長崎が東京スタイルの端子箱でＯＫ（写真１）がとれ、足立電材製の端子ＢＯＸがデビューしました（当時はライオン製のＢＯＸを装柱できるように改造したものが出回っていました。直ぐ錆びてボロボロになり問題を起こしていました）。

しかし、これから本格的販売に入ったという時、糸永嶢は病（急性十二指腸潰瘍手術、１９６８年３月）に倒れます。

　１年ぐらいの死線をさ迷う闘病生活の後に再スタート（１９６９年）となりましたが、急に倒れたので自己資金も底を突き仕入れた材料代の支払いも滞り、代理店元の足立電材からの供給再開はこちらの問題で望めない状況に至りました。独自で同じものをコピーし商品を手作り加工して、生産も田中溶接所（荒尾）さんに加工をお願いして、鳥栖の溶融亜鉛めっき工場（西日本電気鉄工㈱）に人海戦術で運ぶ家内制手工場生産として細々と販売をスタートし、屋号も足立電材福岡営業所から時間を経て、信号電材株式会社と正式登記前より社名変更して小さな会社がスタートしました。


　その後、さすがにコピー商品を販売する訳にはいかずＢＯＸを設計しなおし、信号電材のオリジナル製品を作り出しました。外丁番を内丁番にして表面処理も溶融亜鉛めっきから電気めっき（荒尾にある権藤めっき工場）＋塗装（当時高級塗料樹脂塗装イサム塗料のハイアート）に変更し商品化しました。加工生産も田中溶接所から現在も取引を続けている大橋溶接所（現、大橋金属）へ生産移行する事で生産量は格段に向上しました（写真２）。

　組み立て工場は、実家の裏にある鶏小屋を改装し数人で組み立て加工していました（当時の材料移動手段は自転車＋リアカーでした）。これが信号電材のスタート前の姿です。

　結線用ボルト端子も６㎜・５㎜と複数ありナットも標準・国鉄規格とこれも各県の要望で複数作り、最初はすべてに対応を心情とし、顧客の色々な要望に応じて作りました。顧客第一主義と現場の声を生

写真２　オリジナル製品

かす営業をつらぬきました。

この下積みの3年間があり、１９７２年10月において正式に信号電材株式会社として登記し、我社が誕生した経緯があります。

この時代、鹿児島県警察本部会計課の山口さん、規制課の福元さん、鹿児島の代理店を受けていただいた神野商事さん、宮崎県警察本部の福井さん、宮崎電業の福田さん、宮崎電設の宮崎さん、長崎県警察本部会計課の中島さんなど、沢山の人とのご縁に助けてもらいました。

石油ショックによる狂乱物価

正式創業してまだ間もない頃ですが、１９７３年は石油ショック・日本列島改造計画で強烈なインフレに突入します。特に非鉄製品は高騰しました（真鍮：端子ボックスの端子材質）それで材料を大量に手当てして価格上昇に対抗しなければならず、無理な資金繰りをして購入しました。（写真３）

写真３　材料を大量購入と資金繰り

しかし、その後に福田内閣が誕生し総需要抑制によりインフレ退治の政策を発動、インフレは落ち着き高騰していた非鉄金属は下落しましたが、仕事量は激減し会社としては急激な資金不足となりました。金融機関を駆け回り、代理店さんには押し売りのような形で製品を買ってもらい、なんとか手形不渡を回避し危機を乗り切りました。その後、先行仕入れは絶対してはいけないことになりました。

販路拡大、福岡県警承認

当時、最大の課題は福岡県警仕様の端子箱がどうしてもＢＯＸタイプの端子箱では受け入れてもらえず、何回も拒絶されました。

そこで、大電さんが生産していた通信用端子箱を改良・改善し、生産性ＵＰしたポットヘッド型を類似品になるが試作し（猿まね方式）（写真４）、福岡・佐賀県の承認が何とか取れて九州での空白県が無くなり九州全域が販売圏になりました。

販路拡大、中国地方・四国地方、関西飛ばして中部地方

ボックスタイプ・ポットヘッドタイプの2種類の端子箱を製品として中国地方・四国地方と商圏を拡大しました。その時、山口地区は日電㈱さんを代理店に、広島地区は日星電業㈱さん（ここにシグナル電子元社長の中村一郎さんがお勤めでした）、岡山県は平和電気さん、島根県は島根電工・島根交通機材さん、鳥取県は米子地区・倉吉地区・鳥取地区3ブロックに有力工事業者さんにお願いをして販路安定を図りました。

四国は愛媛に栗田電機（商社）、香川に三信電気水道さん、徳島に鳴門電気さん、高知には四国電気工事さんと販売パートナーを各拠点にお願いし、代理店による販売ルートを安定・確実性を高めました。

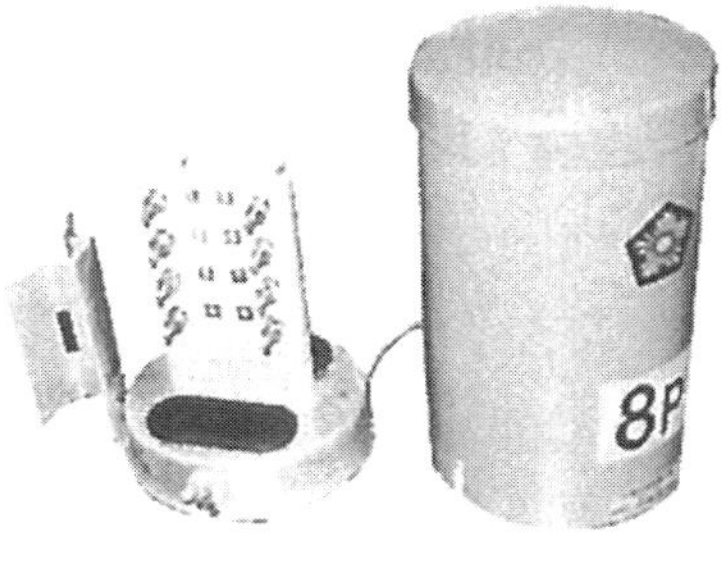

写真4　ポットヘッド型

九州地区の熊本県は、日本信号の代理店をされた不二電機さん、小糸工業代理店の昭和電機さん、京三製作所代理店の春日電機さん。大分県は、主力工事店の十電舎さん、九電工大分営

業所さんにも本当にお世話になりました。

次に関西地区の攻略に入りました。しかし、大阪でアルミ製品のＢＯＸを作っている阪和電設関連会社のアサヒ機工さんが大阪府警とタッグを組んで我々の進出を跳ね飛ばしました。これで関西地区は諦めて、中部地区に開拓を進めそこで愛知県・静岡県・三重県・岐阜県・福井県・石川県を攻略しました。そこには工業社時代に糸永嶢と同僚だった鈴木さんの力を借り、中部営業所を開設（１９７４年）しました。

販路拡大、関西地区攻略・アルミ製ＢＯＸ開発

再三に渡り関西地区攻略をするも、素材のアルミ化が条件となり大きな参入障壁となる。アルミ製ＢＯＸ開発を１９７５年にスタートさせ、アサヒ機工さんのＢＯＸ（写真５）を見本に大橋金属と試行錯誤、１００ｔプレス（ダイクッション付き・深絞り製品を作るため）を大橋金属さんが購入、金型は当社負担とし試作（10カ月以上）トライしました。

しかし、結果としては断腸の思いで断念しました。

そこに斎藤進商店（現・誠新電気産業）の岡常務さんがアルミダイカストによるＢＯＸ生産のアイ

写真５　アサヒ機工のBOX

写真６　日本初のアルミダイカスト製BOX

デアを持ち込み、大阪堺市の公洋亜鉛工業（森田社長）とタッグを組み、日本で初めてのアルミダイカスト製の端子箱が誕生する（１９７５年、写真６）。

創業当時の失敗と改善

創業当時、失敗も色々とありました。初めてアルミ素材との出合いで表面処理（クロメート処理）を怠り、またＢＯＸのロック機構もアルミダイカストを活用していた為に大きなクレーム（沖縄地区）となりました。しかしその後、表面処理（クロメート処理）を施し、ロック機構のＳＵＳ化をして何とか対応し、時間は掛かったが信頼を取り戻す事が出来ました。

ＢＯＸの塗装も自然乾燥から静岡の塗装剥離問題が発生。このクレームから当時、塗装を担当していた糸永康子（母）

が糸永嶢（父）の叱責を受け（夫婦喧嘩）、二度と作業に従事することが無くなり、私が専任担当で作業することになりました。

しかし、このことを起点として焼付乾燥炉を設備し品質を安定させることができるようになりました。

更に、アルミダイカスト製端子箱で大阪府警に再攻略を試みましたが、大阪には2社のBOXメーカーがいるので新たなメーカーは必要としないとして採用していただけずじまいで、大阪の壁は非常に高かった。

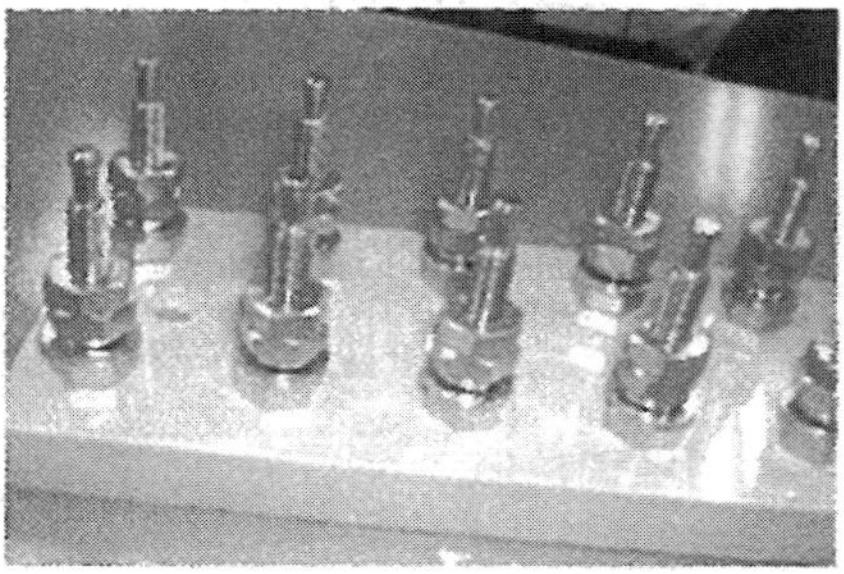
写真7　ボルト端子

しかも端子もナット落下防止機構が加工してあるボルト端子（写真7）である事を知り、当社もその端子台の考え方を取り入れ、関西のBOXメーカーさんと同じレベルに製品改良を施しました。

BOX生産事業の多様化

京三製作所（九州営業所）の永沼さん、三球電機の田中さんの縁で

鉄道の器具箱（西日本鉄道）

鉄道の器具箱にもチャレンジし、西日本鉄道さん向けの器具箱も生産するようになる。（1978年）

また、各県警さんから電力計を入れるBOXも各県警の要望を取り入れ、各種電源箱の設計・生産をし、各県の仕様書に当社の製品を仕様化してもらう事で注文を確実なものとして承認県の拡大を図りました。同時に製缶部隊を作り工場増設し、製缶工場として機械設備を導入（コナーシャー、ブレーキプレス、スポット溶接機、直線型半自動溶接機、コンタマシーン、シャーリングプレス、ギャープレス、タレットパンチァー）し、自社生産にて柔軟な供給体制を確立させていきました。

誠新電気産業さんとのご縁を当時の糸永康平常務が繋ぎ、九州電力向けの基柱開閉器遠

電源箱

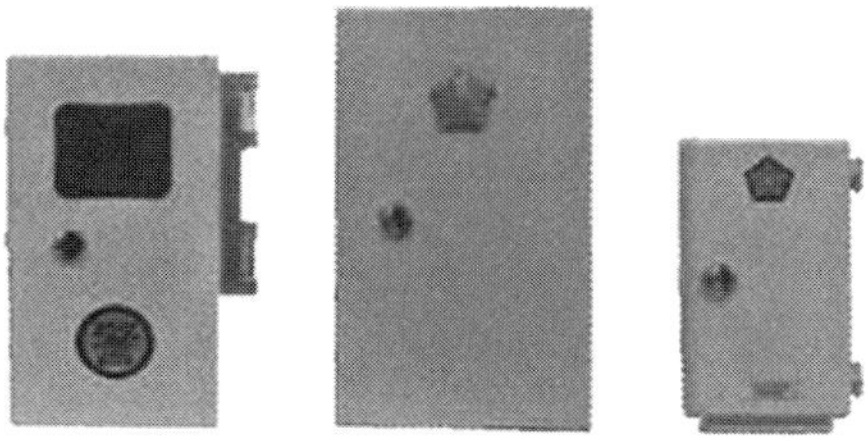

制御機などへ電気を導入する接続用のボックス。用途に合わせてアルミダイカスト製と板金製の２タイプが選べる。作業製を考慮した配管構成が特徴

制操作子局ＢＯＸの製造と内部配線組込みの事業にも参入し、製缶製品の販路拡大を進める。

この時、ＢＯＸ表面処理で亜鉛溶射処理にてＢＯＸの表面処理を行いました（１９８６年）。

差込式端子箱の開発・開拓

大きく転機が訪れるのはアルミ灯器販売と関東進出を目指し東京警視庁を訪問したこと。当時、竹原係長から「孫の時代になれば算入できるかも？」との強烈な拒絶反応を戴く。しかし、当時の伊藤管理官が工事工法改善したくワゴー社（ドイツ）の差込式端子台に大変興味をもたれ、これを活用したいと考えておられた。だが、当時の関東地区のＢＯＸメーカー（足立電材・明和電機）は、改革に後ろ向きでした（１９９０年）。

そこで当社に白羽の矢が立ち、ワゴー社の荒井さんを紹介いただき、信号電材本社で超短期開発にて試作を実施。それを三球電機さんにて試験工事を実施、高評価を受けた事で製品化に弾みがつき、警視庁要望を入れ新型端子箱として完成させたのです（１９９１年）。

電力向BOX（福岡）

柱上端子箱

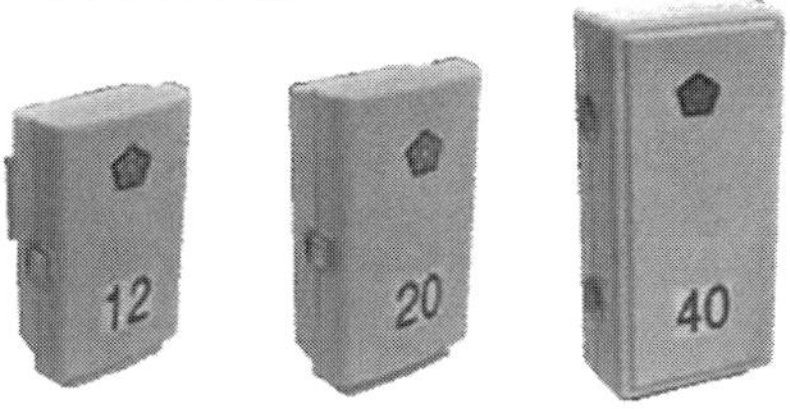

ボディーにアルミダイカストを採用。軽量でリサイクル性に富んでいる。サイズは端子数により3種類が選べる

この工事工法変更に警視庁管内の工事業者さんを集めて何回かに分け講習をワゴーさんと合同で実施しました。

この差込式端子箱開発から警視庁参入でき、関東・東北への販路開拓の武器を手に入れ、信号灯器開発と相俟って矢継ぎ早に信号電材がメーカーとしての階段を登り上がってゆく土壌がこうして出来上がりました。

ＯＥＭ　Ｃ型感知器筐体生産

警視庁での差込式端子箱を見て、警視庁の管制担当メーカーである住友電工さんから次世代の感知器制御器収納ＢＯＸ（アルミダイカスト製）を共同で開発したいと申し入れがあり、約1年で試作・完成品までこぎつけました。その後、各信号制御機メーカーさんからＣ型感知器筐体をＯＥＭ

C型感知器筐体

生産として受注する事となったのです。

そして、アルミダイカスト端子箱開発から17年目の当時、康平専務が関西営業所開設（1992年）し、悲願であった大阪進出を成し遂げ、差込式端子箱の大阪府警仕様化を達成する事となりました。

これらの製品開発と営業開拓により、日本全国に当社のボックス製品が仕様化される事になっていったのです。

2　物を売る前に己を売れ

ＯＢ　佐野米實

製品を商品に

信号業界、信号製品のすべてに無知の私が、「物はあとからついてくる」という思いだけで邁進したが、今思うに無鉄砲で冷や汗ものだ。如何に素晴らしい製品でもそのままでは製作された製品に過ぎない。それらの製品を商いの出来る商品にするのは販売者です。この思いで物売りの三十数年を過ごして来た。結果的には自己満足だが良かったと思っている。「光陰矢の如し」とひとは言うが全く強く感じる。

創立者である当時の社長であった糸永嶢《たかし》社長にお会いしたのは全く予期せぬ出来事で、友人から「君と同様に面白い人がいるが会ってみるかい」が始まりだった。お会いして話をお聞きすると、私以上にいろいろとご経験された変った人物で、私も洗いざらい歩んで来た全てをお話しし意気投合したのを昨日のように思い出す。

突然の電話と依頼で即決

突然電話を頂き頼みがあるとの事、お会いすると「[宅建資格]をもっているとお聞きしたが、それなら是非とも力をかしてほしい。仕事の合間でいいのでお願いしたい」とのこと。人柄に惚れていた私は午後なら毎日いいですと約束し「何をするのですか」とお聞きすると、「現状は福岡で製造して関東に送っているが、送料を思うと部品で運び当地で組み立てたいので作業場を探したい、是非協力願いたい」との由。「希望にそう物件が見つかればいいですね」と答え翌日から二日間探したが目的にかなう物件が見当たらなかった。

その日食事中に突然「東京はまだいい、中部方面、東北方面を強化したい。力を貸してもらえないか」との突然のお話し、「了解しました、しかし小さい会社だが皆の了解がいります。二、三日下さい」で結果、お引き受けすることになった。

佐野さんと糸永社長（当時）（玉名市）

道路に設置されているのは見るが信号機の事には無知。家電製品程度に思っていたのは事実で、ただ日本で初めての西日対応信号機が武器だと知り、今にして思うと糸永社長と西日灯器に魅せられたと思う。

但し条件がありますと伝え、「会社には一切迷惑をお掛けしない条件で、私のやりたい方式で進めます」と返事したものだった。全く家族への話もせず身勝手に決したわけだ。社内で打合わせ決定されたのだろう社長からのお話で取りあえず東北をと進める事になるが、信号機のことは無知、無鉄砲もいいところであった。

まず宮城県警察本部の交通管制センターを訪問、センター長、係長、主任の三人とお会いし知識のある限りに西日灯器の説明をしたが、専門的な話は出来るだけ避け世間話しに終始した。今思うと本部の皆さんは、私が歳をくってるからベテランと思われたのだろう、の初対面だった。

ひたすら通い詰める

設置承認を頂きホッとし参入が決定した。後は業者への売り込みであるがどんな業者があるのかさえ分からない。県警本部と親しくなり、世間は話しで知りえるしかないと通いつめた。余談になるが当時の担当のお二人とは今もお付き合いをさせて頂いている。県警本部のお力添えが無ければ宮城県の今はないとは、決して過言ではない。同様の手法で東北地区をあと5県をまわった。苦労したのは 岩手県と福島県、県警本部はいいが業者が動かない。既存メーカーとの繋がりの強さと東北人の義理の硬さを思い知らされた。

ある日「東北は後輩に頼むから中部地区」をと社長から話を頂く。「東北はまだ満足ではない」とお話しするが「後は若いのに任せればいい、ご苦労だった」でホッとして中部地区に転勤、名古屋市内に住まいを移した。社長はお会いするたびに「苦労をかけるね、すまんね」この一言で私も心を許し前へ進めたと今にして思う。

狙いは中部最大の「愛知県」だ！ 昔から「三河商人」として商いの難しさは語り継がれている地

方、やはり宮城方式で行くことにした。情けないが他の手法はない。話は簡単だが応用が効くのか、ままよと本部訪問。いろいろとあったが宮城方式が成功！「三河商人」という失礼な私の先入観は破棄、それは県内の業者にも言えた。今言えることは心温まる方々で「感謝、感謝」うれしい限りでした。後を後輩に委ね一線から身を引くことなる。

嬉しいのは今も賀状を頂くのは富山・福井・仙台・愛知・島根の業者の方々、また元本部にいらした方々、中には毎年新米を送って下さる方も、うれしい限りです。

己を売って成功と自己満足。数十年間の生活で思うことは創立者糸永嶢氏に弟のように接して頂いた思い。皆さんへの感謝の思いとご多幸お祈りすると共に会社発展をお祈りして筆を置きます。

信号電材株式会社・仲間の皆さん、ありがとうございました。

3　試行錯誤の信号柱（ポール）

荒尾事業所　西本和生

信号灯器を支える信号柱

信号機と言えば、灯器を連想される方が多いと思います。交差点の花形である信号灯器を傍らで支える信号柱の歴史について、当社50周年の軌跡の一つとして紹介させていただきます。

当社の信号柱（溶融亜鉛めっき仕上）生産は、１９７６年（昭和51年）協力工場への生産委託により開始しており、第一工場が新築され自社生産が可能となる１９８０年（昭和55年）までの4年間は外注生産での対応との事でした。内製化が実現し自分達が製作した製品をお客様へお届けし、その製品が地域のお役に立てている事を実感した時には、多くの苦労も吹き飛ぶ程にその時の充実感は、何ものにも代え難いものがあったそうです。

私もこの数年後（１９８５年）に入社しました。先輩方の教えを実感しつつ今日まで勤務して来ましたし、若い人達にも伝承しながら更なる境地を目指し邁進したいと思っております。

標準品で６００種以上

信号柱の鋼管柱化は、競合他社の資料にも溶融亜鉛めっき仕上の信号柱開発が１９７７年に行われたとの記事もあり、当時主流であったコンクリートポールから、溶融亜鉛めっき仕様の信号柱へ、全国的に切り替わって行った事が窺えます。

当社信号柱のラインナップは各県毎に仕様が違います。現在標準品で６００種類を超え、更にベース柱やクランク柱等の特殊品もあり、受注状況や希望納期を鑑み、出荷を想定した一連の計画により生産活動が行われています。

信号柱生産ラインの業務は、製作工場業務における登竜門的位置づけです。鉄に触れる所から始まり、図面を読み解き図指通りに加工を行う事を要求され、また、材料投入から完成するまでの所要時間が、一本当たり平均1時間と回転も速く、加工スピードも要求されます。これが出来る様になる頃には、機械工具を駆使した応用力が身に付き、照明柱や標識柱、構造物等も手掛ける様になり、モノづくりの醍醐味と自負心が醸成されていく事を狙いと考えております。

作業スペースを埋める完成品

私が入社した1985年（昭和60年）の第一工場内風景は、信号柱用の材料ストックが工場の4分の1程を占めていました。狭いスペースの中で、現在の大牟田、荒尾の工場が凝縮された状況で生産活動が行われていました。

信号柱や標識柱を製作する作業台（レール）は、15m程のスペースしか無く、製作すればするほど完成品が作業スペースを埋めて行きます。複数本の製作を行う際は、レール上に鋼管を並べ　その上に乗って加工を余儀なくされた事も多くありました。当時の信号柱加工方法は、加工する全ての箇所を罫書き、ガス切断機により穴を空け、リーマー（ｒｅａｍｅｒ）を通して穴の形状を整える方法で加工を行っておりました。このリーマーを通す作業で、特に柱上部の54Φ加工においては、ゴジラの咆哮の様な騒音を発するため、ご近所より苦情を受けることもあり、大きな騒音とならぬ様に油を塗布しながら加工する等、作業スペース然り、肩身の狭い思いで対応していた様に記憶しております。当時製作していた納入先としては、九州、中国、四国地区が主でした。各県仕様は全て違いますが標準タイプの加工が多く、県名と製品名を聞けば、図面を見ずとも製作が出来る程に寸法なども記憶しておりました。

第３工場新設

１９８９年（平成元年）、信号柱及び標識柱などのポール生産規模の拡大のため第三工場が新設されました。屋外に材料置き場を設置し、北側に信号柱専用ライン、南側に照明柱及び標識柱等のラインを分離したレイアウトとし、増員も行いそれぞれのラインが効率良く作業できる環境が整いました。翌年には、営業部が発足し当時関西には糸永康平専務（現社長）が常駐され、既存メーカーの牙城を崩そうと工場へは無理難題の要求が多く、「奈良県の物件で、他のメーカーが対応出来ないと言っているので当社がやるぞ！」との号令が掛かり、工場メンバーも試行錯誤しながらなんとか対応する事が出来ました。その対応を機に関西地区物件の受注が徐々に増えて行った事を覚えており、この頃から他メーカーを意識する様になり、「絶対負けられない！」この思いが当時工場メンバーの原動力であった事は間違いありません。

全国展開と手作りのプラズマ切断機

全国への営業所開設と営業展開により、信号柱の受注量は拡大しましたが、製作方法は旧来通りの方法であり、当然キャパオーバーとなり残業、休日出勤での対応を余儀なくされていました。

当時四半期毎の売上推移は、第1四半期（6％）第2四半期（14％）第3四半期（28％）第4四半期（52％）と毎年極端な下期集中型となり、協力工場に助けていただき何とか乗り切ると言う状態でした。

やはり、人海戦術的な製作方法にも限度があり、プラズマ切断機（パイプコースター）を導入して頂ける様に、会社に歎願するも却下され、工場のメンバーが落胆している所に、福田さんが協力工場から変な機械を借りて来ました。「この機械にプラズマ切断機を付けて穴空け加工したらどうか？」この提案に「できる訳が無い！」と反対するメンバーが多かったのですが、半ば強引に試作を開始すると、反対していたメンバーもいつしか参画しており、皆のアイデアを出し合い、試行錯誤の末にゴンドラ式のプラズマ切断機が完成しました。

当時パイプコースターの見積額は８００万円でしたが、手作りプラズマ切断機は17万円で作る事が出来ました。加工する箇所の罫書《けが》きは必要だが、ガス切断機やリーマーを使用せず、騒音もなく信号柱全ての穴加工が可能となりました。

その後、１９９８年（平成10年）北側製作ラインに半自動タイプのプラズマ加工機を導入しました。ゴンドラは手動で動かす必要がありますが、ネック工程であった罫書きの問題は解消されました。

倣い型式プラズマ切断機

ポジショナー

照明柱や標識等の特殊品については、全て外注生産に切り替え、第三工場は2ラインを保有する信号柱専用工場として、年間10000本を超える受注にも対応しうる工場へ変貌を遂げました。

半自動式プラズマ切断機

補強管溶接装置

２００１年（平成13年）出荷作業場が手狭となり、荒尾鉄工団地内へ物流課拠点を移動。
２００４年（平成16年）信号柱製作ラインを荒尾鉄工団地へ移し、物流課と統合し荒尾事業所発足
２００９年（平成21年）荒尾事業所のＪＩＴ生産方式を導入。
２０１０年（平成22年）８月念願であったパイプコースターを導入し仮設ラインで構築開始
２０１１年（平成23年）10月　現信号柱生産ライン（Ｇｏ－Ｗｉｎｇ）稼働

現在の信号柱生産ラインは、オフィスグローイングの今井先生のご指導により構築した信号柱製作専用ラインで、１個流しを実現させるため、縦流しのラインとなっており、①穴空け　②補強管溶接　③仮付け　④溶接　各工程に掛る時間を同期化し、材料を1個投入すれば1個完成して出て行くイメージで構築したラインです。また、各工程間の移動においてもクレーンを使用せず台車で移動させる工夫が施されています。　このＧｏ－Ｗｉｎｇラインのモデルとなる工場は、アメリカのボーイング社の生産方式であり、2ラインを7名での生産を想定したラインであります。
Ｇｏ－Ｗｉｎｇの命名は荒尾メンバーで協議し決定。

減価償却資産の耐用年数等に関する省令（大蔵省）では、鋼管柱の耐用年数を50年、コンクリート柱の耐用年数を42年として算定されているが、既に耐用年数を経過した信号柱が全国に20万本程設置されており、今後毎年約１・５万本ずつ増えて行く算段となっている。信号柱を生産供給して来た企業とし

て、今後も供給して行く企業として、メンテナンスや建て替え等責任をもって対応しなければならないし、交通インフラのＤＸ推進における柱の高度化においても、イニシアチブを取り対応して行きたい。

現信号柱生産ライン　Go-Wing

旧信号柱生産ライン

4　西日対策灯器の開発

技術部　興梠《こうろぎ》政広

信号電材の開発品のなかで断突のヒット商品は、多眼レンズを使用した西日対策信号灯器である。この製品の開発成功が、信号灯器メーカーとしてのわが社の道を開いたといえる。

その開発には、数年の歳月と多くの困難を乗り越えた物語がある。

試行錯誤の日々

平成6年（1994年）秋、私は中途採用で当社に入社し、技術部に配属された。当時の私の仕事は、既に完成していた西日対策灯器（製品の通称名：92B）の改良であった。

開発責任者は、糸永嶢《たかし》名誉会長で、開発スタッフは、私と同期中途入社の甲木さんだった。

会長からの指示は、92Bでは太陽高度が低位置に来たとき灯器レンズ面が発光し、完全に西日対策が出来ていないのでなんとかしてほしい、とのことだった。

私も甲木さんも光学に関する知識はなく、机上で設計するすべもなくアイデア任せで試作を繰り返し、それを屋外に設置する試行錯誤の日々が半年にも及んだ。高さ5Mの位置に信号灯器を取り付ける為に、砂利の敷地でローリングタワーを押しまくり、体重が10kgも落ちてしまった。

翌年、対抗信号メーカーの新型灯器が手に入り評価したところ、明らかに92B型を超える商品に仕上がっていた。一瞬で追い抜かれたと思った。社長が朝礼で言った。「これからは、営業力で頑張ろう」と。何か空しい気持ちになった。当時の製品レベルでは他社を圧倒して一番、と思っていたものが崩れ去るような気がした。

対抗メーカーの新商品に猛追する為に対策商品をださなければならないが時間が無い。当社も他社と同方式で量産化の検討を進めた。

基本構造〝発見〟

平成7年（1995年）春、アイデアが完全に枯渇した。閉塞感のなか、多眼レンズに使用している遮光板の改良を検討していたとき偶然、多眼レンズと遮光板がずれ、特定方向から見ると暗くなることに気がついた。一瞬、出来たと思った。甲木さんが描いた遮光板の図面を一部修正して、試作の手配をした。社員旅行から戻ってすぐに屋外に設置したが、天候が悪く屋外での確認は5月の連休明けとなった。休み明けの五月晴れの日、日没まで完全に遮光効果があることを確認した。ついに西日対策灯器（９５Ａ）の基本構造が完成した。

起死回生

商品の量産化の検討が始まった。コストを抑えるために、遮光板は樹脂化する必要があった。甲木さんと樹脂化の検討を行い、価格を上げずに製品化することができた。

平成８年（１９９６年）春、大変な事態となった。多眼レンズ材料の生産中止の知らせが届いた。生産中止になれば、自社開発製品もだめになってしまう。代替材料の選定に明け暮れた。代替材料が見つからないまま10月が過ぎ、採用を頂いている警視庁・警察庁に会長と二人でお詫びと経過報告に行った。

警察庁では、代替品のデータが完全ではないので、１年ほど生産を中止してはどうかと言われた。一瞬、会社が潰れると思った。面会の最後に、担当官に何度さがればとの問いに10度ならとの回答を得た。

警察庁からの帰り道、会長が言った「社員はこの状況を知らないだろう」。打開策もなくこのまま会社に戻るわけにはいかない、との気持ちがひしひしと伝わってきた。

その夜、会長と東京営業所に泊まり、寝床の中で言った。「Φ３００なら10度下げれます」。二人に希望の光が差した。翌日すぐに警察庁を訪問し、代替案の提案をした。それまでのΦ２５０・Φ３００の2種類のランプをΦ３００に統一することだった。半年後の11月真夏のタイへ飛んだ。夏場のランプ内温度の測定のためであった。膨大な検証試験データの結果、代替案の承認が下りた。

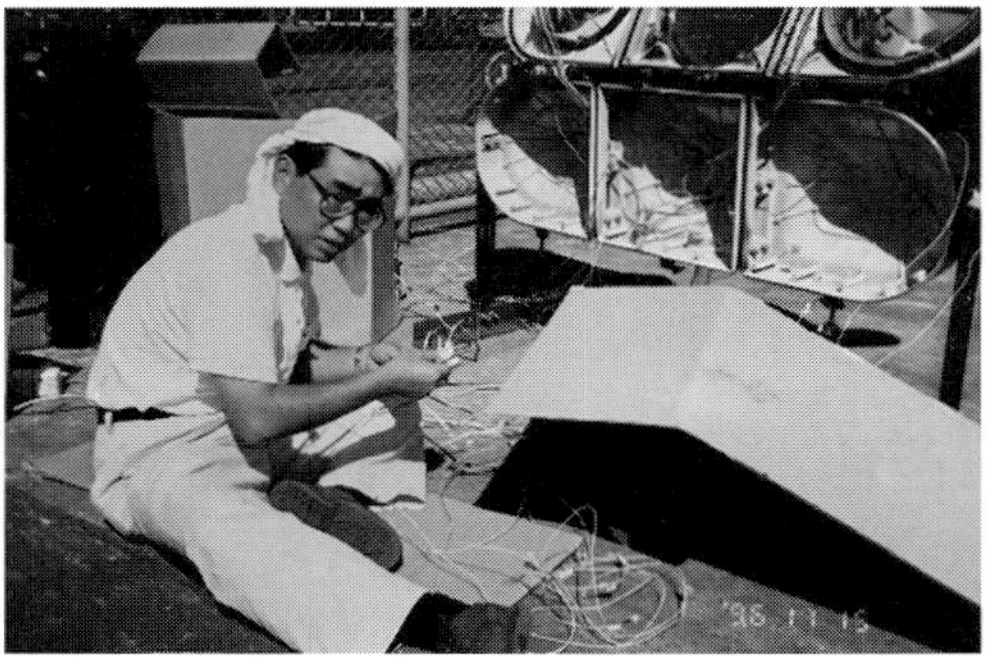

Φ 300 電球式灯器の内部温度を測定するため、真夏のタイで測定。協力会社 (株) アーレスティ タイ工場敷地内 (1996/11/15)

世界最高水準へ

平成9年（１９９７年）夏、遮光板方式の唯一の欠点である灯火直下（下40度）での視認性改善に向けて、原課長と検討を進めていた。多眼の凹凸面に印刷する機械もなく、二人で印字装置の開発を行った。１年後、複雑な多眼レンズの凹凸に印字する専用機が完成した。このとき世界最高水準の西日対策灯器（９８Ｂ）が完成したのである。後に歩行者灯器にも同じ構造で西日対策歩行者灯器（９９Ｐ）を完成させた。

製品の拡販と仕様化

いくら良い製品でも、全国都道府県の警察本部や工事業者様に知ってもらう必要がある。全社挙げての猛アピールを開始、際だった取組は、車の荷台に展示製品を載せて各警察本部前で展示会を実施したことだ。

また西日対策灯器として仕様化するには、警察庁から発行される仕様書に性能を謳う必要が有る。業界団体（ＵＴＭＳ協会）を巻き込んで仕様書改訂の活動を行い、５年の歳月を費やして２０００年仕様書に西日規格（ファントム比）を織り込むことが出来た。

この規格制定により安全な製品を市場に送り出せたことは、日本の交通安全に大きな意義を残した。またこの規格は、後のＬＥＤ化で問題となる白化現象防止に対しても効果をハッキする規格となった。

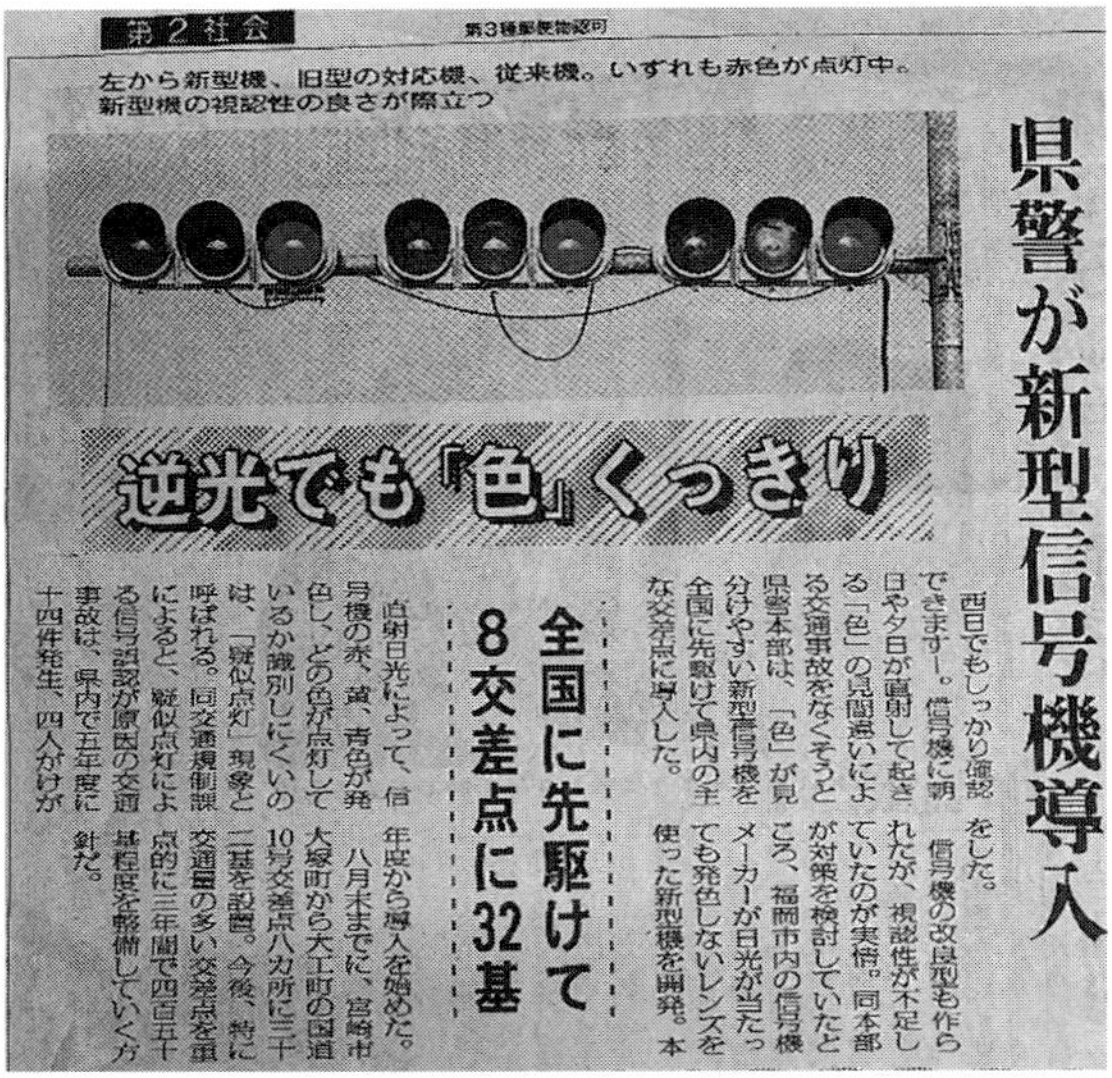
第2社会　第3種郵便物認可

左から新型機、旧型の対応機、従来機。いずれも赤色が点灯中。新型機の視認性の良さが際立つ

県警が新型信号機導入

逆光でも「色」くっきり

全国に先駆けて 8交差点に32基

西日でもしっかり確認できます―。信号機に朝日や夕日が直射して起きる「色」の見間違いによる交通事故をなくそうと県警本部は、「色」が見分けやすい新型信号機を全国に先駆けて県内の主な交差点に導入した。

直射日光によって、信号機の赤、黄、青色が発色し、どの色が点灯しているか識別しにくいのは、「疑似点灯」現象と呼ばれる。同交通規制課によると、疑似点灯による信号誤認が原因の交通事故は、県内で五年度に十四件発生、四人がけが

をした。

信号機の改良型も作られたが、視認性が不足していたのが実情。同本部が対策を検討していたところ、福岡市内の信号機メーカーが日光が当たっても発色しないレンズを使った新型機を開発。本

年度から導入を始めた。

八月末までに、宮崎市大塚町から大工町の国道10号交差点八カ所に三十二基を設置。今後、特に交通量の多い交差点を重点的に三年間で四百五十基程度を整備していく方針だ。

左から９５A、９２B、従来品。宮崎日日新聞

1995年9月23日付

最後に

名誉会長が夢見た西日対策灯器開発に携わることが出来たことは、本当に幸せでした。成功するか全く先が見えない中、ただひたすら可能性を日々追い求めてついに成し遂げることができ、会長が喜んでくれたことに感無量です。自分の人生でも高みをみた瞬間でした。

5　名誉会長のＤＮＡ

ＯＢ　塚本敏樹

三井アルミから転職

私は昭和61年（１９８６年）、38歳の時、三井アルミニウムより信号電材へ転職しました。そして平成27年（２０１５年）まで大過無く勤め上げることができました。

当時アルミニウム製錬各社はオイルショックを起因とした構造不況が長引き、業績は悪化の一途をたどっておりました。最早地金の販売だけでは立ち行かなくなり付加価値を高める為アルミニウムの加工製品の開発が急務でありました。そこで新規事業開発プロジェクトチームが立ち上げられ私もその一員となりました。紆余曲折を経て糸永嶢《たかし》名誉会長（以降名誉会長と記す）との出会いが転職のきっかけとなり、その後国内初となるアルミニウム製車両灯器を世に送り出すことになりました。

そしてこの事がきっかけとなり信号電材は着々と進化を遂げ今日では交通信号分野においては国内有数のメーカーとして押しも押されぬ存在となりこの度めでたく創業50周年を迎えることができ誠にもって欣快に堪えません。

成長と進化

信号電材の成長と進化の要因は沢山あると思いますが、私は敢えて挙げるとすれば次の三点と考えます。

第一点は競合他社の先を行く信号灯器筐体アルミ化に始まり、それに続く疑似点灯防止灯器（以降西日灯器と記す）の発明、視角制限灯器の発明、ＬＥＤ灯器への徹底した機能向上です。さらに景観を考慮したデザインの追求等々間断のない一貫した信号灯器への研究開発と設備投資と改善を次々と実施しました。

第二点は競合他社が真似の出来ないような細やかで大胆な海外展開による部材調達、販売、合弁会社を設立し他分野への進出を行なったことです。

信号灯：器塩害に強く腐食しにくい筐体への進化

砂型アルミ鋳物製　1号機
昭和61年(1986年)8月

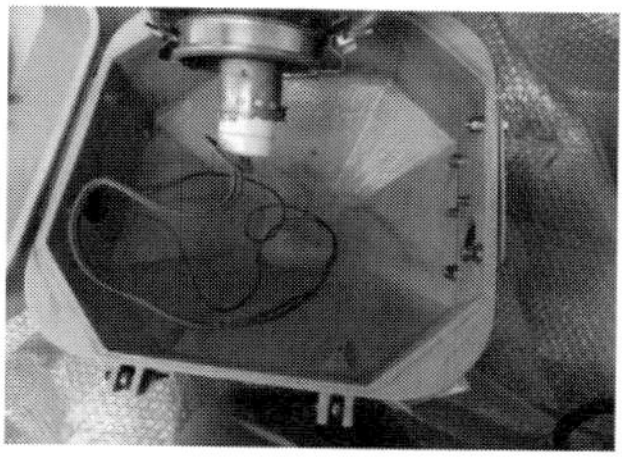

アルミ鋳物信号灯器

第三点は外部人材の導入による社内活性化と業務高度化の実現を行なった。信号電材のステップアップの為に初期にこれらを講じたのは名誉会長でした。

西日灯器の発明

名誉会長は、いつかは信号灯器を製品のラインナップにしたいとずっと念じておられたところにタイミング良く私が押しかけたわけです。

その後も筐体のアルミ化のみに止まらず、遂には西日灯器という世界的な発明まで成し遂げられました。正に念ずれば花開くことを実践されました。この事をＮＨＫが聞きつけて３日間に亘る取材ロケを敢行、全国放送は勿論の事、日本航空がヨーロッパ便でこの番組を流したことで色んな大使館や企業から問い合わせの電話が殺到し、私はその電話対応に追われたことを今でも思い出します。西日灯器は完成の後警視庁管内即ち東京都全域は全て西日灯器仕様に変更され、一時は信号電材独占状態の時もあり、まさに強烈なデビューでした。また、西日灯器は全く違った展開にも誘ってくれました。(このことに関しては後述します)

台湾に同行

次に海外展開に関してですが入社して間も無い頃でした。後に海外初の合弁会社初代社長に就任する余さんから次のような情報が齎《もたら》されました。「台北市の交通管制システムは先ずフィリップ社が納入、その後ＯＤＡで松下電器が納入したがインターフェースが取れておらず老朽化も進み機能不全に陥っており、全面改修の計画がある」ということで、私に同行する様にと名誉会長から指示されました。

当時は台湾への入国は簡単には行きませんでした。パスポートの他にビザが必要で手続きに1~2週間を要しました。入社したての私には管制システムが一体どういう物か全く分かっておらず、ただただ名誉会長の構想を聞く事しかできませんでした。しかし当時の会社の規模(売上4億程度)からして極めて高いハードルであることは理解できていました。台湾の国家エンジニアリングコンサルタント(中華顧問工程司)のトップや管制センター長にプレゼンはできましたが、それまででした。しかしこの時、余さんの刎頸《ふんけい》の友である陳さんをはじめ有力な方々と関わりができ、後に台湾で信号灯器を製造する日台合弁会社、全球交通号誌器材公司（Ｕｎｉｖｅｒｓａｌ Ｔｒａｆｆｉｃ Ｓｉｇｎａｌ：ＵＴＳ）を設立する事となりました。

戒厳令下の韓国へ

前述した西日灯器の続きですが、情報が韓国にも伝わり当時交通信号機材韓国国内シェアの80％を押さえている韓国電機が放漫経営で傾いているので信号電材に買収して欲しいとの話しが舞い込み、再び名誉会長から同行する様に指示がありました。

韓国はまだ戒厳令が敷かれており恐る恐る渡韓した事を覚えています。結果は不調に終わりましたが仲介してくれた在韓貿易会社の社長佐野さんとの縁が出来、その後信号電材に入社してもらいました。

当時私は東京営業所の責任者をしていましたが、北海道も東北もまだ営業所は無く静岡、新潟、山梨、長野、関東、東北、北海道が担当エリアでした。余りにも広すぎて十分な営業活動ができず難儀しているところ、まさに救いの神でした。八面六臂の働きで北海道営業所、東北営業所を立ち上げ北日本の営業体制を確立してもらいました。その後も信号電材の発展と成長に大いに寄与して頂きました。

また韓国電機のバトンを受け継いだ韓国電機交通との交流がスタートしレンズの製造委託も開始されました。

名誉会長の驚異的なフットワークは台湾も韓国も正に国内感覚でした。これはまだ名誉会長が10代中頃、満支方面日本人小学校教員養成所に在学中教師の紹介で渡満、満州電信電話株式会社（ＭＴＴ）に入社し北満でも勤務したことによります。大陸でしかも発展建設途上の満州国でしか経験出来ないもの、例えば国境というものの捉え方や感覚、全てがチマチマしている国内とは比較にならないダイナリズムそしてスケールの大きさに影響を受けられ育まれた感性なのかも知れません。撒かぬ種は生えぬの格言通り即結果は出ないにしても後から成果が生まれる。正に名誉会長の行動であり思考であったと思います。

名誉会長の経営判断とＤＮＡ

最後の外部人材の導入に関しては新たに起こした新規事業である信号灯器製造販売を行う為、既存社員30数名では対応は叶わないと見て、売上が4～5億円にも関わらず三井アルミニウムから10名の人材を獲得投入されました。アルミダイカスト車両灯器の金型費用に1億円、工場建設に2億円投資するという名誉会長の経営判断には度肝を抜かれました。

その後、名誉会長のDNAは糸永康平社長（以降社長と記す）に確実に受け継がれました。コスト競争を勝ち抜く為の社長の動きは更にグローバルとなり部材供給拠点を台湾は元より中国、タイ、ベトナムへと拡大させました。

建設中のドバイタワー

販売に関しては国内、アジア諸国に留まらずドバイでLED灯器を販売する為UTS中東の設立が決定され私は責任者として駐在しました。駐在中にアブダビで交通管制システムを30兆円掛けて新設するというビッグプロジェクトの情報を得て交通信号分野でタイアップしている国内大手企業と手を携えてアラブ首長国連邦の政府要人へのプレゼンを行いました。この時は台北の時とはバックの力が格段に高く可能性に期待しましたが、リーマンショックの影響によりドバイの経済は深刻な状態に陥り、残念ながらＵＴＳ中東をクローズせざるを得ませんでした。初めての海外駐在勤務である上に赴任先がアジアでもなく欧米でもなくアラビアでありました。何もかも日本とは真逆であると言っても過言では無いほどドラスティックに環境の変化に晒されかなりの苦労もしましたが、そう簡単に手にできないチャンスに恵まれ実に貴重な体験をさせて頂いたと思っています。

ある時アブダビに所用があり社長と2人でドバイから砂漠を突っ切るハイウェイを走行中、車窓から果てしなく広がる砂漠を見ながら社長が〝思えば遠くへ来たもんだなー〟と発したその言葉を聞いて、入社以来の色んな出来事が頭を駆け巡り感無量で胸があつくなりました。当時の最も心に残る記憶です。

その後も受け継いだＤＮＡは社長を放っておくはずが無く、今度は新しい分野であるＬＥＤ照明事業に進出すべくドイツの照明会社との合弁会社（ＳＤ Ｈｅｓｓ Ｌｉｇｈｔｉｎｇ）を設立、この時点で社長の経営領域は名誉会長の域を超えていました。

運営を命じられました。合弁会社それも相手はドイツの企業です。私にとってはヨーロッパの経営者の思考回路は未知でした。或る日独合弁会社の社長を訪ねアドバイスを頂き、お陰で随分不安が解消されました。第一回目の株主総会はドイツで行われ、その年は丁度オクトーバーフェスト200周年にあたり招待されました。そのスケールの大きさと長い歴史に裏打ちされた重厚な催しには感動を禁じ得ませんでした。同時に僅か二週間の開催期間に世界中から毎年約600万人が訪れることにインバウンド年間4000万人を目指している我が国にとってなんと羨ましかった事か、ヨーロッパの底力を見せつけられたシーンの一つでした。

その後、この合弁会社は信号電材独資の会社ＳＤ Ｌｉｇｈｔｉｎｇへ形態を変え、国内の照明をリードすべく現在全国展開され日々力強く邁進されている事を頼もしく思います。創設から携わった者として益々の発展、成長を願ってやみません。

濃密で充実した30年

顧みますと私の信号電材のキャリアは製品開発から始まり、製造、営業、海外、グループ会社の立ち上げ運営に携わることでした。その間度重なる激動と激変に遭遇、試行錯誤の日々、多くの感動と感激を味わいながら走り続けた実に濃密で充実した30年でした。これも偏《ひとえ》に名誉会長をはじめ会長、社長、そして社員各位のご支援とご協力ご理解の賜物であると深く感謝いたします。ありがとうございました。

これから新たに１００周年に向かって折り返しの50年がスタートします。今後とも信号電材がどんな会社になっていくのか見続けたいと思っています。大いに楽しみにします。

６　信号灯器のＬＥＤ化

技術部　秋永良典

信号機用ＬＥＤ素子の発明

１９９０年代初めまで、青色のＬＥＤはなく、黄色・赤色も屋外で使用できる耐久性や、信号機として必要な光度は不足していた。１９９３年窒化ガリウムの青色ＬＥＤが開発され、信号機用の青緑色も作られるようになり、その頃には高輝度・長寿命（四元素系）の黄色・赤色ＬＥＤも開発され、車両用信号灯器として必要な3色が入手可能となった。

ＬＥＤ灯器開発の始まり

当時、名誉会長（創業者）は西日対策灯器が本格的に普及していた時期でもあり、ＬＥＤ灯器開発には積極的でなかった。しかし康平専務（当時）及び開発担当者は世界の信号機はＬＥＤ化へ、大きく流れは変わってきており、日本も必ずＬＥＤに切り換わると強い信念をもって開発に取り組んでいた。その後関連会社の協力なども得て、製品の仕様や試作・評価を重ね、１９９５年に当社として初めて調光機能付き矢印灯器を開発した。当時はＬＥＤ単価も高く、使用する素子数が少ない矢印灯器からのスタートであった。

車両用ＬＥＤ灯器の仕様化

２０００年に入ると、石原都知事（当時）が東南アジア諸国歴訪で、日本の信号機は遅れていると認

日比谷公園での視認試験風景

識され、その後警視庁の強力な推進により、信号機のLED化が進むことになった。

LED灯器開発のご縁で私が入社したのは、まさにその頃（2002年2月入社）で、入社初日に専務（当時）から、「明日東京出張できるか？」がLED灯器開発に関わる第一歩となった。東京（日比谷公園）では、警視庁がLED灯器の仕様を決める為、各社試作機を持ち寄り、視認試験を行っていた。集中光源を使用したLEDユニットを提案するメーカーもあったが、内蔵するフレネルレンズは、西日による白化現象があり、視認低下を招いていた。当社は、砲弾形LEDを複数個配置した、ディスクリートタイプと呼ばれるものを提案し、西日にも視認性は優れ、後に警視庁の仕様に決定した。その後日本では、このLED灯器の仕様が、全国に普及していくことになる。

苦難のＬＥＤ灯器量産立上げ

決められた仕様に基づき、当社も量産化に向け開発のピッチを上げた。最重要部品であるＬＥＤは、光学性能や信頼性を最優先に考え、世界の信号機市場で実績がある素子を選定した。当時社内では、自前で電子機器開発の経験はなく、ＩＳＯ９００１を取得しているものの、開発・評価する為の設備、設計基準等はなく、開発を進めながら整備していくことになった。

また、コスト力強化の為、生産は合弁会社であるＵＴＳ台湾で進めた。１９９９年に設立したＵＴＳ台湾は、海外向けＬＥＤユニットで生産実績は有ったが、量産の経験は少なく、品質管理面を強化しながらの量産を立上げとなった。そして漸く日本市場では、先陣を切って２００２年６月、東京に量産型の車両用ＬＥＤ灯器を出荷した。

続々続く新製品

更に翌年警察庁では、歩行者用ＬＥＤ灯器の仕様も制定され、現在のような人形部だけが光る仕様に決定した。ご存知の方も多いと思うが、電球式ではレンズ面全体が光るが、LED式では人形部だけが光る為、人形は少し太った図柄が採用されている。そして当社は、西日対策で磨き上げられた多眼レンズを内蔵し、より西日に強い歩行者用LED灯器を2003年開発した。

優秀賞と環境貢献特別賞のダブル受賞

その後も製品開発の手を緩めることはなかった。市場の声を大切にし、性能向上、消費電力削減などに取り組んだ。2011年に開発した車両用灯器は、光学レンズを内蔵し、信号機として使用していない上方に出る光を下方に向け、発光効率を高めることにより、LED素子数削減（192個→108個へ）を達成、また消費電力は、10VA以下となり、業界で先行し実現した。この製品は、りそな中小企業振興財団における第24回新技術・新製品賞において優秀賞と環境貢献特別賞のダブル受賞となり、開発担当としても、非常にうれしい限りであった。

2014年度から、警察庁の思い入れで、信号機の低コスト化により、全国にLED信号灯器の普及を加速させる取り組みが始まった。当社も初年度調査研究に参画し、低コスト灯器の仕様化の提案をした。そして、求められた性能を実現しながら、更に、災害（着雪・暴風）に強い信号機を目指して、２０１７年φ２５０車両用信号灯器（フードレス）を開発した。更にお客様のご要望に応じ、インナーフード（内蔵する配光制御機能による誤認防止）や、融雪を促す為のヒーター機能内蔵など、現地ニーズに応じた、他社にない製品展開を行っている。

最新の歩行者用灯器では、警視庁から要望が有り、標準の歩行者灯器から、経過時間表示付歩行者灯器に変更可能な提案が求められた。当社からは、専用のユニットを開発することにより、他社より容易に対応できる方式を提案し、仕様に盛り込まれ製品を実現した。

多くのトラブル経験

しかしここに至るまで、多くのトラブルも経験した。まず、車両用においては製造工程内での温度管理不足により、ＬＥＤ素子滅灯発生、また、歩行者用に採用したＴ社製ＬＥＤにおいて、素子の耐久性を十分把握せず使用し、やはり滅灯問題が発生した。これらの教訓は、今後同じ失敗を繰り返さないよう対策されている。

終わりに

このように、当社のＬＥＤ灯器開発は、市場の声に素直に耳を傾け、お客様のご要望、あるいはそれ以上の機能を実現し、更に他社より優れたコストパフォーマンスで、スピード感をもって開発してきた。また、社内においては営業部、製造部、購買部など各部門の強力な連携により、今日の灯器シェア50％以上を確保できるようになった。更にこれからも、製品の改良を進めるとともに、シェア増大に伴う供給責任も、同時に果たさなければならなくなっている。

第3章　灯器とボックスとポールの製造工程

工場見学　信号機製造の全工程

信号機ができるまで

普段、外部の人は見ることができない信号電材の工場。今回、特別に工場の中を案内いたします。信号電材独自の改善ポイントと合わせて信号機ができるまでの流れを紹介します。

大牟田事業所

大牟田市内にある本社工場では、信号機に使う様々なパーツが製造、加工、塗装されています。完成したものはお客様のもとへと出荷されます。

第二工場

第一工場

工程1：部品は4つのテント倉庫と第三工場倉庫に搬入

信号電材の倉庫は全部で6つあり、テント倉庫には国内調達部品、第三工場倉庫には海外調達部品が保管されています。工場には1日で使う部品だけを搬入。

テント倉庫

「倉庫そのものは価値を生まない」という考えのもと、将来的には減らしていく方針です。

第三工場倉庫

工程２：一つひとつに「化成処理」を

現在、信号電材で作っている信号機の部品は９割以上がアルミ素材です。そのまま塗装するとはがれやすいため、化成皮膜を作って定着性を高めます。

第一工場入口ゲート

ゲートの高さは４ｍ！大牟田本社工場で使用する部品は全てここを通って運び入れられます。

バスケット

部品は全て専用のバスケットに入れて化成処理します。底面には滑車がついていて、処理後、そのまま次の作業ラインへと運ぶことができます。

ノンクロ工程

環境破壊物質を含まない薬剤を使っているのもポイントです。

＼改善 POINT／

倉庫の荷物は番地で区分
２号テント棚番

＼改善 POINT／

１日分の材料で効率 UP!

以前はもっと広い面積が割かれ、数週間分がまとめて置かれていました。現在、１日分しか置かないようにした結果、効率はグンとアップ。

工程３：処理が済んだら隣の仮置きスペースへ

化成処理後の部品はしっかり乾燥させ、この仮置き場に運ばれます。効率化を考え、化成処理場のすぐ横に作られています。

車両用収納台車

みんなで考え、みんなで作った特製ラックを使用。効率よく使えるよう、大きさ、角度などが調整されています。

ブチル機

ボディーセット

工程4：車両灯器の前加工

ここでは車両用灯器を加工しています。従来は人が動いて作業をしていましたが、台が回転するように変え、動きのムダをカットしました。

工程5：いよいよ塗装作業へ

信号機の塗装は大きく2種類あります。特殊な色を塗布する際は手作業の溶剤塗装、同じ色を大量に塗装する時は自動化ラインの静電粉体塗装で仕上げます。

溶剤塗装

溶剤塗装ブースでは、下塗り、上塗り、乾燥を行います。製品は天井のレールを使って移動。天井から空気が出ていて、塗装の妨げになるホコリは全て水が流れる足下へ。

粉体ライン　静電粉体塗装

まずは部品をセッティング。製造ラインに吊るされたオリジナルの治具（じぐ＝補助工具）に部品を引っ掛けます。

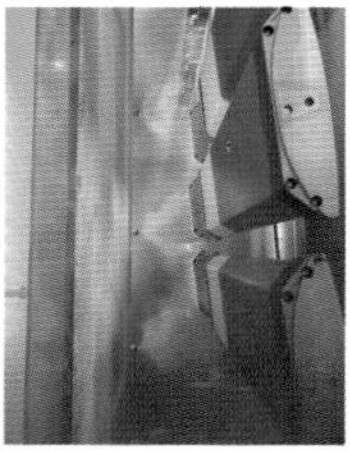

引っ掛けられた部品は静電気で塗料の粉を付着させるブース内を通過。ブースは3つあり塗料が混ざらないよう、それぞれ塗る色が異なります。

焼付後

190~200℃で焼き付けてはじめて塗料が定着します。所要時間は20分ほど。できあがった部品はそのまま組立工場へ。

＼改善 POINT／

落ちた塗料は再利用

静電気で付着しなかった塗料はそのまま下に落ちます。これらはブラシによって回収され、再利用します。

塗装検査
２人体制でスピーディに点検していきます。

工程６：台車に乗せて点検

組立工場に運ばれてきた部品は、この場所で一度、膜厚・色差・外観を一通り確認して、各担当部署へ割り振ります。

工程７：組立

工場内は大きく２つに区分けされています。それぞれのラインでどのようなものが作られているのか、実際に見てみましょう。

<<< LINE01
信号灯器組立ライン

信号灯器だけを集中して組立てます。ボックスの工程と対照的に、前後の従業員同士で助け合い、チームプレイで信号灯器を組立てるのが特徴です。

＼ 改善 POINT ／
台車の工夫でスピードアップ

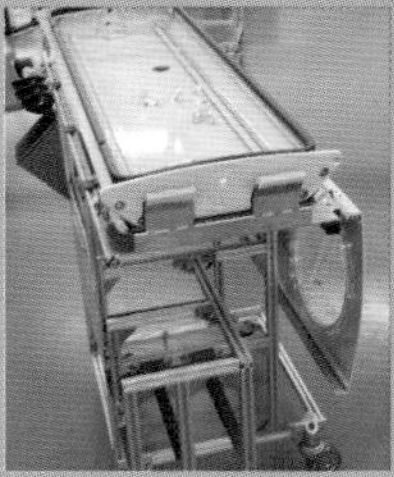

組立に必要なネジなどが全て台車に備えてあり、1台ごとに使い切ります。もともとはベルトコンベアで製造していましたが、台車に変えて作業スピードは飛躍的に向上しました。

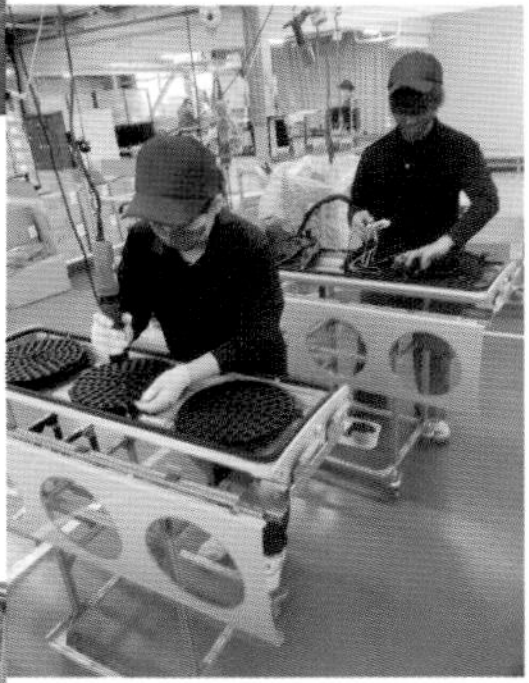

灯器ライン
組立は分業。作業が終わると台車ごと前の従業員へ引き継ぎます。早く終わった人は遅れているパートをヘルプします。

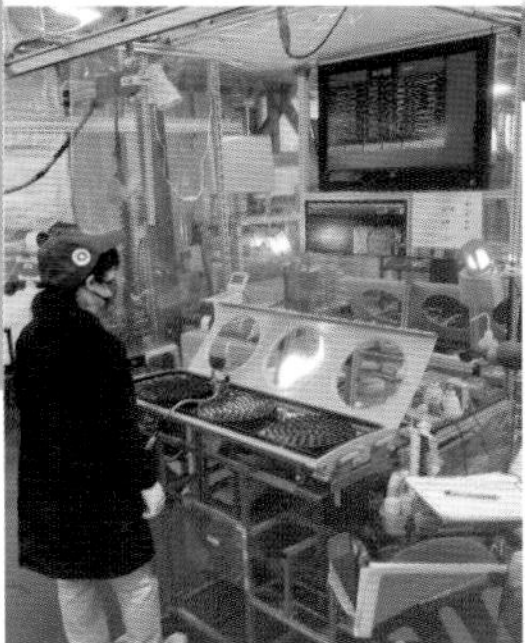

灯器検査
最後の工程では画像検査を行い、点灯状態等を自動で確認します。

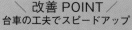

<<< LINE02

ボックス類組立工程

柱上端子箱や電源箱など「箱(ボックス)」関係の部品を担当。 細かい作業が多く、名人が独立して組立を進めています。担当者が１人で完成まで作り上げるのが特徴です。

端子箱検査

作り上げた箱は専任の検査員がチェック。不備があれば、そのまま担当者へ戻します。

端子箱組立

それぞれのデスクには部品棚を設置。組立に必要な部品が全て揃っていて、作集台を離れることなく、作業を進めることができます。

＼ OEM も受注／

大牟田本社工場内には OEM（他社ブランドの製造）専用の部屋があり、国内外からの受注に対応しています。

分業はせず、作業はテーブルごとに完結させます。

＼ 改善 POINT ／

部品のセットを作って数を常にチェック！

部品棚にはそれぞれ 10 個ずつ部品が置かれています。10 個作った段階で余れば、すぐにチェックができます。部品の補充は専門の従業員が担当。組立に集中できる環境を整えています。

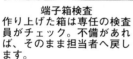

工程８：金具関係は別の部屋で仕上げ

信号灯器組立ライン、ボックス類組立工程のいずれにも属さない細かな金具はこの仕上げルームで一括処理。

部屋には数えきれないほどの部品が置かれています。熟練の従業員が一つひとつ丁寧にバリ（加工工程で発生する残留物や付着物）を取っていきます。

［２S ３定］
２S＝整理・整頓
３定＝定品・定量・定位置

工程９：４M変化点管理で品質問題にチャレンジ

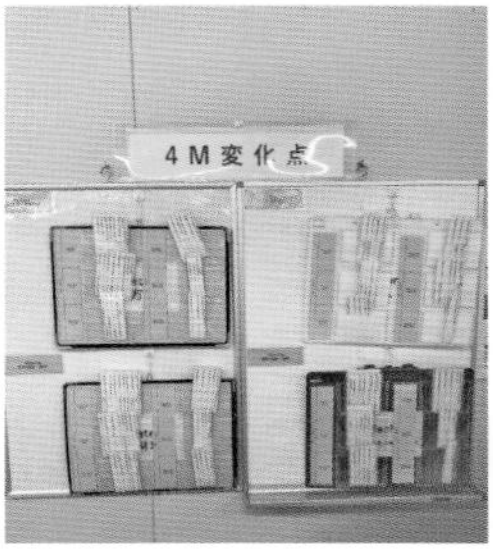

配送写真（福岡倉庫）

工程10：いよいよ出荷

できあがった部品は梱包し、倉庫にまとめて置かれ、福岡にある物流倉庫へ配送。そこから全国、全世界へと旅立っていきます。

荒尾事業所

熊本県荒尾市にある荒尾事業所。生産しているのはポール製品（信号柱・照明柱）、アーム、特殊的な受注生産品の製造もおこなっています。

鋼管は大きく３種あり、使用目的によって太さが異なります。工場内での工程から逆算し、製造する順番に並べてあるのもポイントです。

工程１：部品倉庫と鋼管置場から部品を移動

テント倉庫に置かれた部品、鋼管置場に集められた鋼管は工場内に運び込まれます。

各部品は着手から完成するまでの工程にかかる所要時間と部品のリードタイムを考慮した安全在庫管理。信号柱に使用する部品は１本毎に供給。

工程２：切断、加工

工場内に搬入された鋼管は次々と切断、加工されていきます。切断にはプラズマが利用されていて、ところどころで眩しい火花が散っています。

鋼管を加工（プラズマ切断）する装置は２台。

平均して１日約80本を処理。終わった鋼管はそのまま奥にある「ステージ」へと運ばれていきます。

作業は一括でまとめず、１本ずつ仕上げていきます。

工程３：処理後の鋼管をステージへ

切断された鋼管を完成形へと近づける場所が「ステージ」です。作業工程はここでほぼ終えてしまいます。

鋼管は１本あたり約 200kg。レールの上を転がすように運んでも重量感があります。

処理が終わったものは５本単位でまとめていきます。その後めっき工場へと配られていきます。

工程4：信号機用アームの生産

プラズマ切断加工以外にプレス抜き穴加工も行う製品も有ります。

工程5：特殊なアイテムを加工

荒尾事業所では特殊な形状のアイテムを手掛けています。

生産性を向上、リードタイム短縮するために部材の内製化も行っています。レーザー加工においては近隣の企業からの受注も対応しています。

柱に取り付ける小物関係の部品をとりまとめ、出荷する準備も並行して進められています。

工程6：塗装処理

溶融亜鉛めっきされた製品を塗装しています。

乾燥炉も備えており、一連の塗装工程が全てこの場所で終えられます。

工程７：仕上げ工程

溶融亜鉛めっき処理完了品は仕上げ計画を基に加工・組立・検査・結束を行い出荷に備えます。納期に間がある場合は倉庫に保管します。

工程８：積込み・出荷

第4章　50年を基点に、これからの信号電材について

1　「すすむをつくる。」の実践

技術部　部門長　東川望

創業50周年を迎えた信号電材、公共インフラを支えるモノづくり企業として、家族5人からはじまり、現在は150人を超える社員となり、多くの人達に支えられ、幾多の困難を乗り越え辿り着いた50年。「世に資する」を土台に、それぞれの時代に応じた課題へ懸命に取り組んできた歴史。そして、永続的に企業を繁栄させるために、次のステージへ歩みを続ける。諸先輩方に心から敬意を表するとともに、自らの心にこの歴史をしっかりと刻み、次にバトンを繋いでいく責任を感じている。

信号電材の歴史の中で、常にその時代のお客様の御用に応える製品開発があり、それもボックス・ポール・灯器と異分野の製品がお互いに支え合って、その時々に会社を成長させるエンジンになってきた

部門長の集合写真　左から後列：東川望、橋村忠司、遠藤剛、清川啓太
前列：石塚雅晴、宮川孝典

ことが、信号電材の大きな強みの一つである。その中で、技術部門の果たす役割を改めて認識し、50年の大事な歴史の上に、次の50年を描ける技術部門へと進化していきたいと考えている。

近年はデジタル技術が急速に進歩し、ＩｏＴや人工知能、高速通信技術など最先端のデジタル技術を駆使し、ビジネスを革新できるデジタル人材の需要が拡大し、社会で求められるスキルも変わってきている。技術者も新たな技術の習得やアイデアを考案する創造力を磨き、お客様の潜在ニーズを引き出し具現化し、そして次の会社の成長エンジンを生み出していかなければならない。

また、私たちの市場である道路空間も、自動運転をはじめとした新たな交通社会の到来で、道路インフラも大きな変化を迫られている。道路空間の変化は、国土交通省が２０２０年に発表した道路政策の中長期的ビジョン「２０４０年、道路の景色が変わる」においても、小型モビリティや自動運転車の導入などを見据えた新たな道路環境の整備について触れられている。自動運転に対しては、まだ先の話と思っている人も多いかもしれないが、技術の進歩は日進月歩であり、中長期的な変化を見据え、道路環境の変化と同時に道路インフラも変わっていくイメージは、特に技術者は持っておきたい。

更に、日本の高度成長期以降に急速に整備が進んだ道路インフラも老朽化が進み、その更新時期に差し掛かっている。道路ネットワークを持続的に機能させるためには、管理者が連携して計画的なメンテナンスを行っていく必要がある。特に、老朽化ストックの増加や働き手の減少等を踏まえると、新技術を活用した自動化や省力化の推進、予防保全型メンテナンスによるコスト抑制が不可欠となっている。

これらデジタル技術の進歩や道路のあり方が大きく変化する時代背景を認識しつつ、創業者精神である「世に資するものづくり」を継承し、いつの時代も安全安心を軸に社会に貢献できる新たな価値を生み出し、会社の成長エンジンをつくることが技術部門の使命である。そしてこれからはモノだけに拘らず、サービスを含めたコト発想も必要である。今まで培ってきた「モノづくり」を極め、ビジネスの基盤としつつも、信号や交通インフラからさらに拡充された「コトづくり」で安全・安心な社会・会社をつくっていく原動力になる。その為には、ＤＸやデジタルを駆使した信号電材らしい「ローテクとの融合」を目指していく。これからの技術者は、自ら思考し、柔軟な発想をもち、新たなスキル習得に積極的に取り組む姿勢が重要になっていくこと。そして信号電材人としての素質は、行動規範と社員心得をベースに、あきらめない姿勢となんとかしていく気概を忘れないことが大切である。

この50年の節目に、道路インフラを支える会社の技術部門として、心新たに責任と誇り、使命感を持って、コーポレートスローガンである「すすむをつくる。」を実践していきたい。

2　当社オリジナルの生産方式の確立

製造部　部門長　遠藤剛

創業50年を機に再定義された経営理念「いつの時代も安全安心を創る」当社起業精神でもある世に資する「もの創り」にこれからの未来を見据え新たに「こと創り」も加え、「目の前の安全と、その先の安心の未来を切り拓く」人を創るという使命を持つ。

それを実現するためのあるべき姿としての「ビジョン」、信号電材社員としての価値観、行動や心がけ、姿勢を示した「行動規範」「社員心得」

これらの想いを「すすむをつくる。」というコーポレートスローガンに込めた。

変動が激しく不確実かつ複雑で曖昧な外部環境。

このような環境下、50年を起点に製造部門として、次のようなあるべき姿を目指していきたい。

「安全安心のものづくりプラットフォーム構築とそのエバンジェリスト（伝道師）育成」

安全安心のものづくりプラットフォームとは、創り出す製品はローテク製品かもしれないが、ＤＸ等のデジタル技術（その時代における先端の技術）を活用し、設計通りの製品具現化とプロセス信頼性を維持するものづくり基盤を指す。

また、これを信号電材社内のものづくりだけに留めることなく、社外にも広げていくことで当社の経営理念の実現の連鎖を創り、より広範囲で、世界で、その使命を果たしていける存在になり社会に貢献していきたい。

そのためには、「すすむをつくる。」を体現する事のできるエバンジェリストの育成は必須課題である。

今は交通信号関連製品の生産を主の生業としているが、未来永劫そうであるとは限らない。

将来、交通信号関連製品を全く生産していない可能性もある。つくるものは変わってもそこで働く人は「すすむをつくる。」人材であることは変わらない。

今は交通信号関連製品生産のなかで、「すすむをつくる。」人材を育成し、近い将来「すすむをつくる。」を広げていく事の出来る人材まで育成していきたい。

この「すすむをつくる。」人材育成を目下のところ次のような取組のなかで実現するとともに、組織としての成長性、収益性それぞれの飛躍にもつなげていきたい。

ＴＰＳ（ＪＩＴ）からＳＤＰＳへ

現在、生産における考え方、方式についてＪＩＴを基軸に取組んでいる。この活動のなかに当社独自の要素を考え、取り込み、当社オリジナルの生産方式ＳＤＰＳ（ＳｈｉｎｇｏＤｅｎｚａｉ－Ｐｒｏｄｕｃｔｉｏｎ－Ｓｙｓｔｅｍ）を確立していく。

当社リソース再整理と新規事業

信号灯器がつくれる…信号柱がつくれる…ではなく、工場で、全体でそれぞれ何ができるのかという要素を再整理し、その複合要素で狙える市場や顧客ニーズの開拓を行い、新規事業にもつなげていく。

そのなかで、不足している知識や技術、設備等も明確にし、効率的かつ有効的な高度化を実現する。

システム思考と情報の価値化

ＥＲＰ更新のタイミングを活用し、個人最適な業務のあり方から全体最適な業務のあり方に業務変革を行う。そのなかでＦｉｔ Ｔｏ Ｓｔａｎｄａｒｄを基本としたシステム思考の醸成、データを価値ある情報として捉え構築していける組織、人材をつくり、今後の新規事業展開にもつなげる。

最後に、信号電材の50年の歴史は、社員一人ひとりの努力やお客様の支援があってこそ成り立っている。今後も、社員一人ひとりが協力し合い、お客様とともに成長していき、50周年を節目に、これまで以上に力を合わせ、「いつの時代も安全安心を創る」ため、「すすむをつくる。」人材育成に全力を尽くす。

3　強靭にパワーアップ

購買部　部門長　石塚雅晴

先代嶢名誉会長から一平会長、康平社長と3代に渡り糸永家が継承してきた「世に資する」の精神で「大手がやりたくないことをやってきた歴史」を垣間見ると、まさしく起業の精神とその「世に資する」為には何事にも躊躇なく突き進む突破力があったからこそ築き上げられた、現在の信号電材があると痛感した。

今年度が創業家より組織経営へ継承の起点となるが、その起業のフィロソフィーを受け継ぎながらこれからの信号電材が永続的に発展し売上の拡大・利益成長を果たし世の中に貢献していくためには、現在の信号事業をより確固たる全社事業の柱としつつも、新規事業をインキュベーションする必要があり、それには新たな思考をもって事業創出にチャレンジをすることが必要である。その工程においては過去のことが否定されることもあり、それを恐れないで変えていくことも求められる。臆せずに一人ひとり全員が前に進むこと・新コーポレートスローガンである「すすむをつくる」という精神で全社一丸となり進んで行かねばならない。

現環境を見ると外部環境・内部環境共に大きな変化が起きており、その変化に対応することは必須であり、その変化をピンチとだけ捉えるのではなくチャンスへと変えられるマインドが求められる。その工程は精神論だけでなく、新規ビジネスプランを可視化しその評価を経済的合理性の観点からも判断しゲートを設けて点検しながら事業化していくことが必要である。自身もこの新たなる挑戦に向けチャレンジし、成果が実るよう努めていきたい。

小職が信号電材に加わり3年を迎えるが、自身のコミットメントは購買部門を強靭な組織とし、調達先の開拓やサプライチェーンの改善、コスト削減など、部門機能を最大限発揮し企業価値向上に貢献できる体制を作るということであるが、現状を振り返るとその道筋は立ってきていると確信している。しかしながら、外部環境が想定以上の変化をしており、その増大する調達リスクと変化に対峙する為、更なる耐性（レジリエンス）強化として個々のメンバーのパワーアップ（プロバイヤーの育成）と調達先の拡大やリスクマネージメントの推進により、確固たる機能・組織体制を構築する事が重要タスクと認識している。

又、上記の通り経営メンバーとして、信号電材が永続的な発展を果たすために企業として求められる体制づくりへの貢献も果たしていきたい。

信号電材でのこのチャレンジを楽しみ、その新たなる成果を会社発展と社会貢献に繋げ、社会を豊かにし自分も含め社員みんなが豊かになっていく、そういう会社としていきたい。

4　品質に対する妥協のない取り組み

品質保証部　部門長　橋村忠司

信号電材株式会社が創業50年を迎えることは、私たちにとって非常に誇らしい限りです。これまでの50年間、「世に資するものを提供し続ける」という先人の想いをしっかりと受け止め、実践し、それらを余すことなく継承しつつ、また、常に顧客のニーズに応えるために、高品質な製品を提供することに注力してきました。これからも、引き続きお客様の期待と先人の想いに最大限応えられるよう、より一層努力を重ね続けます。

品質保証部門は、信号電材株式会社にとって非常に重要な役割を果たさなければならない組織の一つです。私たちは、製品の品質を維持するのは勿論のこと、昨日より今日、今日より明日と品質を磨き上げるために最善を尽くし、私たちの「あるべき姿」を追求し実践いたします。この50年を機に、私たちは新たな志、高みを目指し、品質に関する妥協のない取り組みを強化し、信号電材品質向上への飽くなき挑戦をしていくことで、未来へと繋ぎます。

取組みとしては、お客様に安全で安心いただける製品の品質を保証するために、私たちは工場の過程全体を品質観点で見直し、諸環境に合致した最適化・改善を行っています。また、品質管理システムの新たな構築も進めており、より良いシステムによる全体最適・品質状況の即時共有化を図ります。さらに、組織メンバーにおいては品質に関する全てを自責、自分事として取り組む覚悟と決意を胸に、品質保証部門が率先垂範することで、会社全体の品質意識、品位をさらに向上させるべく取り組んでいきます。

一方で、お客様からのご意見や工場各部門の声を今以上に反映させ、より良い製品を提供するために、技術・製造・購買といった工場全部門との積極的協働にも力を入れます。新しい技術や素材の探求、製品の改善、新製品の開発などに品質保証部門が一丸となって主体的・精力的に取り組み、より大きな成果を出すことでお客様にとってさらなる価値のある製品を提供し続けます。

私たちは、これからもお客様に信頼される企業であり続けるために、「世に資するものを提供し続ける」ことを念頭に品質とお客様視点にこだわり、世界に誇れる最高の会社品質、高品質な製品を提供し続ける企業を目指していきます。50年を起点に、より一層の発展を目指して、全社員が一丸となって努力していきます。

5　古き良きものを残し、新しいものにチャレンジ

営業部　部門長　宮川孝典

当社はこれまで交通信号事業に携わり、それに従事し創業50年を迎えることができました。元は創業者が交通信号工事業を経験され、その時に得られた知識を製品（ものづくり）に活かしたことが基点になっています。端子箱などの電材製品に始まり、その後、信号柱（専用鋼管柱）、アルミ製や西日対策の信号灯器の製造販売に至るまでになりました。

その開発には常に利用者の要望や課題をお聞きし、それを製品に反映することが可能となった要因だと感じます。ものづくりにおいて一番必要なことを大切にしてきた結果であると思います。

また、販売では北海道・宮城・東京・愛知・大阪・広島・福岡に拠点を出すまでに至り、九州が拠点の会社ではありますが、47都道府県の全てに納入実績を残すことができるようになりました。

ただ、ここに至るまでには色々な問題や失敗も多く経験してきました。私も40年近く従事していますので何度もそれに直面してきました。「今回はまずいな…」と思うような事例も何度かありました。しかし、会社全体で真面目に取り組み、真摯に向き合ってきましたので、何とか相手先のご理解を得る事もでき、その困難を乗り超えることが出来ました。

そういう困難のときに経験してきた事を忘れずに活かしていくことが大切です。

社会情勢の影響もあり、我々の関係する分野でも環境変化が起こっています。

生業である交通信号業界もインフラ整備の高度化、設備の効率化が求められています。

これまでやってきた技量や力量では対応できない事例も多くなってきました。それに順応できるか、ものづくりに活かしていけるかが大きなテーマになっています。

当社もシステム構築などの効率化への取り組み、人材強化をおこない組織の充実など環境変化に対応できる体制構築を実施しています。

私のような古いアナログ人間は理解不能で対応できないことも増えています…。

ただ、営業現場にいる身として感じるのは商売の根底は変わらないということです。創業から大切にしてきた精神、それにより培ってきた事を忘れないことが重要です。

また、これまで関わっていただいた得意先や取引先の方々への感謝を常に心がけること。

共に苦難を乗り越えてきた社員同士、その感謝と尊敬を互いに持ち合うことも大切です。古くからの良きものは残していきながら新しいものにも果敢にチャレンジする会社、組織作りが重要になっていきます。私もそれに貢献できるよう努めていきたいと思います。

6　会社を内側から強くする

管理部　部門長　清川啓太

『世に資する』の一心で、当社は、創業時から今日まで数多くの顧客・取引先・社員と共に歩んできました。ピンチをチャンスと捉えて自ら変化しながら成長してきた結果、主力3製品（灯器・ボックス類・信号柱）で市場シェア№1を確保させていただくに至り、業界内で確固たる地位と信用とを築き上げることができたことを誇りに思います。

現代のビジネス環境は、多様さと複雑さを増し、この数カ月の中でもＰＥＳＴ要因の全てに大きな変化が認識され、その不確実性は高まるばかりです。だからこそ、変化は世の常と泰然自若に構え、その変化の中にあって悪戯に右往左往するのではなく、長期的な成長を自ら定義する『軸づくり』が肝要と考えます。

こうした基本的考え方の下、引き続き『世に資する』ために当社は、スピード感をもって変革に向けた取り組みを進めていく必要があり、私たち管理部では、以下四つのテーマを中心に据えます。

まず第一は、「オープンブックマネジメント」です。会社都合の良し悪しに拠らず、正直且つタイムリーな会社情報の共有は、労使の相互信頼・相互理解に繋がると考えます。

そうしたオープンポリシーの下、特に定量的に説明できる業績情報の適時開示は、当社が目指す『世に資する』基準とその目標達成度を自問自答するために必須です。社員ひとり一人が会社指標を理解し、個々の活動を説明する自律力を高め、誇りある事業活動を目標に連鎖させるためにも情報発信を推進します。

そして第二に「社員の考える力を養成、楽しむ心を醸成する人材マネジメント」です。

当社が『世に資する』会社であり続けるためには、極めて破壊的な現代の技術革新に真摯に向き合い、謙虚な姿勢で現行バリューチェーンの研究、仕事のあり方の検証は勿論、他業界で進む製造業のサービス化事例などから学びを得る必要があります。こうした基本認識の下、柔軟な思考力を持ち、楽しく貪欲に学び続ける人材を確保・活用・育成する好循環が、会社に活力を与える企業文化を醸成します。

第三は「コンプライアンス／制度対応を利用した経営強化・高度化」です。世の中の動きを如実に表す一つである法制度への対応は、社会公器である会社がステークホルダーから求められる基本です。社会から広く信用されるに足る会社として成長を続けるためにも新体制下における課題・責任・実践、つまり『世に資する』リーダーシップのあり方を自問自答し、制度対応を通じて組織と個々人のレジリエンス強化・高度化を進めます。

最後の第四は「祖業の強みをより強くする成長戦略構築」です。市場を地政学的に捉えた場合、予算動向の一連は、わが国における人口動態等の推計に裏打ちされた交通システムとその周辺領域全体の方向性と解釈できます。当社がこれまでに培った信用を礎に『世に資する』ために我々の事業はどうあるべきかを問い、その答えを熟慮して明確に出すことで、祖業の市場シェア拡大に留まらない成長戦略にまで深化させます。

管理部が『世に資する』ために取り組むべきテーマを四つ掲げました。これらは『会社を内側から強くする』の一言に集約できます。これをやる気でやる。我々管理部は、瑞々しい感性とチャレンジ精神を持って、日々新たに地道な努力を重ねることで更なる成長を目指します。

第5章　信号電材の伝統と未来

社員一同が「安全安心」を軸とし能動的に働ける会社に

新しいメンバーと古いメンバーの間で、確執というかいろいろ出てくるわけです。その中でも古いメンバーが、納得するというか、会社を変えていかなきゃいかんのだけれど、切り捨てるんじゃなく、そういう苦楽を共にしたメンバーを率いてゆくリーダーがいるんですよね。

代表取締役社長
糸永康平

専務
東川望

これからバトンを受けていく身としては、私たちは信号機を造るというより世の中の安全安心をつくっている会社なんだということを、社員みんながもっと自覚していく必要があると考えています。

創業50年は、転換点

司会　信号電材は50年前、家族経営の数人から始まって、現在社員約150人、約60億の年商の会社にまでなったわけです。しかも大牟田という九州の一地方都市にある企業が、信号灯器では、全国生産シェア50％以上を持っている。その中で興味深いことが二つあります。一つは技術的に常にチャレンジングであったこと、もう一つは非常に人間的なドラマがあった。その道のりは、決して順風満帆ではなかったと思いますが、今日はその時々の節目みたいなことを3代目の糸永康平社長に話していただきながら、初めて社員の中から4代目の社長を引き継がれる東川専務に会社の未来、今後のプランというか抱負を語っていただきたいと思います。

社長　実は先週末に、部門長メンバーと大牟田の甘木山ハイツで二日間、経営合宿をして今年の反省と今後の方針について夜十時までいろいろ議論して、その後ちょっと酒を入れて懇談したんです。

ある意味今が、うちの会社の転換点。要は昔からいる部門長メンバーと新たな部門長メンバーの比率が、私と会長が抜けると新しいメンバーの方が多くなっているわけです。

今の外部環境変化と我社の立ち位置からすると、それをやらないと次のステップを踏めない。今、そういう状態にきていまして、我社にとって創業50年は非常に大きな転換点だなと思う。

そういうことが過去にもありまして、これまでもそういう階段を踏み上がって来たなあと思います。

初代は改革派、後継は保守

社長　最初の転換点は、やっぱりアルミ灯器開発。あの当時信号灯器を作るという考えは私も兄（2代目社長・現会長）も全く無くて、うちの親父（初代社長）が、信号灯器というテーマをやり始めるのですが、その頃、私は30歳過ぎくらい、当時はポール部門とボックス部門が主要事業で、私がボックス系の開拓をやったり、うちの兄のほうがポール系の開拓をやったり、ある意味それが本業だと思っていた。そういう時に、うちの親父が新たなテーマの信号灯器開発を持ってくるわけです。

我々からすると信号灯器をやると、当時重要ユーザーである灯器上場メーカーさんから仕事をもらってたわけで、本業の受注に大きな支障をきたす問題があった。そんなことやらんでいいと考えていた時代です。また信号灯器も当時は鉄板製とか樹脂製とかFRPのものもありましたけれど、灯器メーカーさんからすると当時の考えに、ある意味信号灯器は消耗品で、「錆びてサイクルが回ってるんや」と、「錆びない物作ってどうするんや」と、反対されるのは目に見えていたし、上場メーカーに勝てるわけない、みたいな。

司会　受注から自分たちで製作しようと転換するわけですね。

社長　当時の鹿児島とか宮崎県とかの警察本部に行くと、特に鹿児島県とか離島が多く海風などで三年ぐらいで錆びてしまうという問題があった。とにかく錆びない耐久性のある製品が欲しいと言われてたわけです。

当時、我社では信号用の配線接続箱である端子箱をアルミダイキャスで作っていた。アルミ化っていうのは耐蝕性に強いし、リサイクルが容易で資源化できるという考え方もあった。設備を進める事で、日本の道路インフラ設備にアルミを備蓄して、それは最終的に電気エネルギーを貯めるという話につながるわけですから、それは確かに面白いものになるかもしれん。ただ我々には当時、そんなものを作れる技術が全く無かった。

当時大牟田には三井アルミの精錬工場があったので、うちの親父がアプローチして、三井アルミのメンバーを連れてくるわけです。三井アルミもちょうど、精錬事業そのものが行き詰まっていて、リストラもあるし、別事業を開拓せんといかんっていう時代だったわけです。アルミでモノづくりする別事業の開拓メンバーに塚本さんがいて、後にうちの会社に入ってくるわけです。あの時代が一つの大きな転換点だったと思う。

司会　タイミングとしては良かったわけですね。でもお父さんの世代の人であれば自分のやっていることを保守的にやればいい、これ以上展開しなくてもいいと普通は思うのですが、そこは違ったと。

社長　全然違いましたね。60歳代でも開拓者だった。

司会　ある意味無謀というか。

社長　無謀の極みだった。だって、信号灯器作れば上場メーカーと競争せないかんわけですよね。

司会　向こうは恐竜みたいなもの。

社長　そうそうそう、こちらは鼠で、業界では仕事をもらってたし、そこに私も兄も反対してたわけですから。

司会　むしろ　保守的。

足は大牟田、目は中央

社長　自分たちの目線でしか判断できてなかったというか、ただうちの親父は中央を見てた。ローカルではなく、中央を見て、信号灯器を作るにしても中央が認める形じゃないとだめだというのがあった。私はあの頃30代前半で、無理無理家業を継がされたこともあって、三井アルミの人が来るんやったら、俺は居なくても良いかなっていうのがあって、正直に言うと辞めるつもりでいた。

うちの兄貴が専務やってたし、この田舎の下町工場に将来二つの頭はいらないなと。

でも、その信号灯器開発に巻き込まれてしまって、辞めれなくなった。

司会 その頃何人ぐらいいらした。

社長 30人ぐらいいたかな。

司会 社長は創業のときからいらしたわけではない。何年目から。

社長 私は8期入社で、私を入れて13名の会社でした。

司会 それまでは家族内で。

社長 そうそうそう、今の工場の前は三川町に兄の自宅がありますが、あそこが工場だった。工場というか家内制手工業の作業場のようなそういう場所でしたね。

私が入社して翌年に、うちの親父は今の場所に工場を建てるわけです。思いっ切りが良いというか、無理無理入れたんで息子二人の場をつくろうとしたんでしょうね、だから私が入らんかったら、大きなもの建てなかったかもしれない。

司会 もうひとつ、普通だったら大牟田から同心円的に広げて行くっていう感じだと思うんですが、いきなり東京。

社長 うちの親父が見ていたのは東京。

司会 でも大牟田は離れない。

社長 この場所から東京を狙いたいって思ったんでしょうね。

司会 東京に本社を移そうという話はなかったんですか。

社長 色々とありましたよ。

メーカーになるためのポジションとしては、東京側に本社を置いた方が、全国的なものを狙えるといったお誘いや要望は色々とありました。

司会 それは何なんですかね、大牟田を拠点にして、結果的に動かなかったというのは。

社長 うーん　やっぱり我々の中に、この大牟田の地から全国メーカーになりたいというか。

新国立美術館前の信号電材の信号機

東京浅草にある信号電材の信号機

東京オリンピック（1964年）に向けた交通管制センター建設施工工事の下請工事を受負った「工業社」で働いていた創業者（新聞を読む眼鏡をかけた人物）

司会　目指す。

社長　目指すというより上場メーカーより、もっといいもの創りたい。

司会　良い仕事をしたい。

社長　その辺のなんというか。

司会　ある種の面白さ。

社長　ここから日本全国ブランド、次は世界ブランドを目指す。今に見てろ、というか。

司会　東京に出てから広げるのではなく、大牟田から広げる。

社長　そこの魅力はありました。

異質な人材でアルミ灯器

社長　第一回目のテーマ、信号灯器をアルミでやるっていうのは設計技術も無かったし、アルミの入手ルートや加工知識もなかったので、ものづくりの土台から始めるという。

司会　それは三井アルミの人たちがいたから。

社長　当時、三井アルミの技術部にいた江口さんに来てもらって、彼が最初のアルミダイキャストの車両灯器設計をしたんですよ。
司会　そうすると初代が考えてらしたことと、たまたま三井アルミの方が不況で仕事がなくなってきた時とジャストミートした。
社長　タイミング的にはそうですね。
司会　そういう所への目の付けどころは、初代は独特のものがあったんですかね。
社長　信号灯器というテーマはやっぱりやりたかったんでしょうね。ポールとか、ボックスとかは、ある意味材料メーカーですからね。やっぱり機器メーカーまでやりたかったんだと思います。
司会　初代は、東京のそういうところにいらしたんではないですか。
社長　工事会社にいました。当時、東京オリンピックに向けた日本で初めての交通管制センター建設があり、その施工工事に携わって、最先端の技術に触れてるわけです。
　工業社という会社で、京三製作所の販売特約店だったんです。それで京三さんとの関係は深かったんですね。親父はその関係を使って、灯器ＯＥＭメーカーとしての契約を進めるわけです。我社は、その当時はランプを作るという技術はなかったので、アルミ灯器筐体《きょうたい》の生産メーカーとしてＯＥＭ提携を進めたわけです。
司会　ポールを作ったり、ボックスを作ったりというのと、灯器を作るというのは違う、別物なんですか。
社長　違いますね、当時のメンバーでは信号灯器は作れなかった。アルミのメンバーが入って来たことで、信号灯器が出来るようになる。
司会　そういう意味では初代の社長はすごいリーダーシップですよね。
社長　今思えば、凄いリーダーシップでしたね。
司会　優れたリーダーというのはある程度ゴールのイメージができていないといけないのだと

思うんですけど。

社長　ゴールのイメージまであったのか？　我々には無謀としか思えませんでしたが、あのパワーはすごかったですね。当時、その時にひとつ大きな階段を上がるんですけれども、工場としては鉄工所だったわけですね。その下町鉄工所にアルミのメンバーが入ってくるわけです。すごい差があるわけです。

司会　テクノロジーとしては、ちょっと違うステージというか。

社長　かつ、三井アルミっていうと、当時の下町工場からするとお偉いさんなわけです。で、そういうメンバーが入ってきて自分たちの上に立つということになって、現場のメンバーはね、総スカンするわけですよ。面白くないって、ある意味肌感が違う。

司会　向こうはちょっとインテリなわけですね。

社長　まあそんなかんじかな、当時彼らが一番最初に言ったのは、「まずヘルメットを白に統一しましょう」と。当時はピンク色から赤からいろんな色のヘルメット、ドイツのヘルメットをかぶってるのもいましたから。当時、暴走族の集まりみたいだった。現場をまとめる為に私が色んな個性を出していいといってましたから、でも新たなメンバーの彼等からすると工場じゃない、と。

司会　そのエネルギーが必要だった。

社長　そう。当時は彼らが支えてくれていましたね。大牟田は三井の城下町で無名の下町工場には募集しても、高卒とかじゃなくて中学の中途で流浪した子とか一般の会社では勤まらなかった子たちの集まる場所みたいな。

司会　面白いっていえば面白いですけどね。

社長　職安に募集しても、お酒の匂いのするおじさんしか来なかったからですね。

司会　ヤンキーか年寄りしかこない。

社長　とにかくもう、「この人なに？」っていうようなおじさんたちで、それでうちの親父にね、俺よりも年下が欲しいと言って、俺が面接するからと、で、若くって元気がよければ誰でもいいって募集かけたら結構来はじめて、採用していったら平均年齢が20代後半の若い会社になった。そのかわり、ワルばっかり（笑）。ハチャメチャでしたが、集中力と結束力のあるメンバーでした。大変な時代でしたが、でもその時代が一番楽しかったかな。

その時代のメンバーに今の荒尾事業所長の西本くん、営業部長の宮川くんがいて、今でも我社を支えてくれています。

初めは、何も期待せず入社

司会　専務はどの時点で入社されたんですか。

専務　私は１９９５年に入社しました。

司会　すこし整ったあたり。

専務　もう20周年は終わってました。かなりまともで、大牟田市の中でもこういう企業があるといわれるぐらいの。

司会　大牟田の中ではちゃんとした。

専務　はい、会社としてのかたちにはなってたんですけど、当時会長は東京、社長は大阪で、外に向かって勢いのある会社というイメージでしたね。

司会　そういうエネルギーがあったわけですね。

社長　20周年の後だね。

専務　20周年と30周年の間に入社しました。

社長　信号灯器メーカーとしてスタートしたころ。

司会　その当時は、会社に対してどういう期待を持たれました。

専務　私は父からこの会社を勧められて、地元で働いてみるかという気持ちでした。会社に対する期待とか全くなかったですね。本当に与えられた目の前のことを一所懸命やろうというぐらいの気持ちで入社したというのが正直なところです。

設計技術に配属されて、最初は図面を描くという、画面の中の世界でしかなかったんです。そのうち製造現場に呼ばれたり、交差点に設置されたものを現場に見に行ったりする機会が増えてきて、そうすると、画面の中にある絵が、実際に現物となって目の前にあるというのがあって、それが交差点とか現場で役に立っているのを見たときに、自分がやっている仕事の価値というか、責任の重大さを自覚し始めました。そこで誇りというか、使命感が生まれて来たところから自分の中で大きな変化があったのは、明確に覚えていますね。

司会　それは入社して何年くらいですか。

専務　4、5年くらいですかね。

司会　それは物作りということだけでなく、信号はかなり公共性があるということですよね。

専務　大切なものを設計させて頂いている。その感覚は覚えていますよね。ただ、まだこの時は創業者精神である「世に資するものをつくる」は理解していなかったと思います。

司会　その時は社員はどのくらいだったんですか。

専務　100人は超えていましたよね。

司会　地元としては比較的中堅どころの会社。

専務　営業所も各地にありましたからそのような認識でした。

司会　むしろ外に向かってばりばりやり始めた時だったんですか。

社長　営業所をいっぱい作り始めたときですよね。確かその頃に今の製造部長の遠藤くんが入社して、海外事業もやり始めた時期だったかな。

西日対策灯器、それは一つの事件

司会　次の技術的節目というのが西日対策灯器。

社長　第二ステップがそこですよね。

司会　それは何年目の頃ですか。

社長　1992年。疑似点灯防止機能付き車両

灯器で九州のローカルメーカーが警視庁仕様認可を戴いたというのが、あれが業界からするとちょっとした事件。それも予算が一番大きかった時なんですよね。

司会　公共事業の。

社長　交通信号設備事業予算が今の倍近いころの東京都ですから。その東京都の警視庁新仕様を我社が取っちゃったわけですから。

司会　それは業界の中では大事件。

社長　大事件ですよね。

司会　でもそれは、何故できたんですか。

社長　何で出来たかというと、西日が当たった時に太陽光が反射鏡に到達しないようにできるだけ抑止できて、かつ内部光はドライバー側に視認できるという、そんなことできるもんか、というようなレンズ開発が必要だったんですよ。

司会　初代がそういう開発をされた。

社長　当時、うちの親父が町の発明家の方と懇意になっていまして、その方が多眼レンズという発想を持っておられたんですよね。ただ、レンズ開発における光学的な知識は無かったので、それだけでは本来の疑似点灯防止まで至っていなかった。本当に技術的に確立したのはその後にうちに入社してきたマツダの技術部門が派遣先だった興梠《こうろぎ》くん、彼が技術部に入ってきて、疑似点灯防止機能付きのレンズ設計開発を成功させたといえます。今にして思えば、本来の性能の前段階で警視庁の仕様認可を戴いて、それを更に性能向上させていったといえます。

司会　東京の公開試験場で各社の信号を並べてやる。

社長　西日灯器の時は鮫洲《さめず》の免許試験場で行われました。当時の警視庁の担当課長さんが改革派のキャリアの方だった事もあったのかもしれません。

我社がアルミ灯器を開発したという認知度もあり、ローカルメーカーだけど斬新なアイディアがあり意欲的に開発を行うというメーカーである事が警視庁上層部にも伝わっていたようです。

試験の評価は良かったものの本当に任せられるメーカーなのかを調査しに九州まで担当官が来られました。西日対策レンズ開発において西日を実際に当てる実験場を視られて、ずっと製品検証をやってきた実態やアルミ灯器の生産ラインを視られて実際に灯器の生産も出来る会社だと認知していただけ、担当官の反応も高評価でした。当時、当社に警視庁の新仕様認可を下ろすのは相当悩まれたと思いますが、調査された担当官の後押しもあったと思われます。

司会　特許というのは。

社長　当然取得してましたが、しっかりとしたメーカーになることを真剣に考えないと、後で大変な事になる。それに気づくのが2年後だったんです。

司会　それは遅かった。

社長　遅かった。メーカーになるためには灯器メーカーとしての製品のバリエーション、歩行者灯器もまだ作っていなかった。そして、メーカーとしての販売体勢をいかに構築するか、工場としての体制も出来ていなかった。営業所というと私が大阪、兄が東京。あと九州しかなかったからですね。東北とか北海道とか、日本海側とかは全く……。

司会　一番大きかったのは、西日対策灯器を警視庁が認めて東京をおさえることで、全国に販売されていくことなんですか。

各県で仕様が違う

社長　そんなに簡単なことではなかった。警視庁がOKで、他県警もOKかというとそんなことは無く。性能が良くとも売れないわけですよね。やっぱりその地区の担当官に認めて戴いて承認を得て初めて納入許可が得られる。それも、主要灯器メーカーさんの牙城があって、時間を掛けても難しい県もあった。私は関西圏攻略の営業所を構築している時代でしたが、大手メーカーさんの工場がある大阪府警さんはハードルが高かったですね。なので、私はお隣の奈良県警さんから西日灯器の試験導入をして頂いて、性能が良ければ、これは良いと言って頂けて、奈良県が採用になるとそれが新聞に載ったりマスコミが取り上げたりして、そうすると他府県も評価せざるを得なくなっていった。

司会　ある種の公共事業だから。

社長　マスコミの影響力は、すごかったです。

司会　各県で仕様が違うわけですか。

社長　灯器仕様の教科書は警察庁ですが、それが大前提で、各県でローカル仕様というのがあるわけです。その為、各ローカル県の仕様認可をいただかないと納入できないんです。そこに一つの壁があるわけです。その壁を乗り越えないと物は納入できない。一般の民間商品と違うんですよ。

司会　それでも警視庁の認可をとれたというのはすごいこと。

社長　すごいこと、あり得ない話、当時西日に強い信号灯器を警視庁が採用したとＮＨＫが取り上げてメーカー名も出たので、色んなところから反響がありました。中には海外からも話があったりね。

司会　世界中で問題がおこっていたわけですね。

社長　韓国、台湾それに西日が当たりつづける白夜のある北欧の国から製品説明の要望がありましたね。

司会　それについては世界に売れる特許はとらなかったんですか。

社長　取りました。ただ実質的にそこまでやれるかというと、我々には資金は無かったし、語学力もなかった（笑）。

司会　そういう意味でグローバルな商売というのもあるんでしょうけどね。

社長　うちの親父はそれが起点で海外開拓をや

り始める。60歳代後半の年代からなんですよ。

LED灯器開発は大きな階段

司会　LEDの開発・実用化は1993年だと思いますが、信号灯器もすぐに切り替えの動きになったんですか

社長　日本はLED素子開発の先駆者でしたが、信号灯器LED化などへの応用技術は、世界に比べてかなり遅れたものでした。断然米国の西海岸辺りのカリフォルニア州が速かったですね。

司会　当時の会長はあまり乗り気でなかったと伺ってますが

社長　そうなんです。何故かっていうと、当時我が社は、電球式の西日対策レンズ開発が重要課題で、うちの親父はそこに没頭してまして、技術メンバーを他の事に使うと怒鳴られた。でも信号灯器のLED化は、我が社にとっては大きな技術的な変化点で、3回目の大きな階段を登ったのだと思う。

司会　具体的にはどのような手順を踏まれたのですか

社長　そうですね。私は学生時代電子工学科だったので個人的にLEDに興味があったんです。1993年にブルーのLEDが日亜化学で開発製品化された事が話題になり、LEDのGYR（青・黄・赤）がそろって信号灯器が出来る。やってみたい、となり、興味本位ですから知識が全く無かったので、西日レンズ開発でお世話になっていた九州工業大学の下村教授（後の学長）にお願いしてLED技術についての講義を社内でしてもらった。技術メンバーとLEDランプの試作機を作ったりして、1995年にはLED矢印灯器を生産して初号機を京都の嵐山につけたのが思い出されます。

そしたら、親父に見つかって、「止めろ～！」って怒鳴られるので、当初のLED灯器開発

は見つからないように隠れて開発してました。

司会　世界では一気にＬＥＤ化に向けての動きがあったわけですね。

社長　そうですね。当時、西日対策灯器の海外販売とその生産面でも台湾との人脈構築をうちの親父が進めてました。当時、大阪から本社に帰っていた私がそれをサポートすることになり、その頃の私は国内感覚で台湾との行き来をするようになってました。西日対策灯器で台湾との付き合いが始まったわけですが、まさかその事がＬＥＤ灯器開発に大きな役割となっていくとは思いもしなかったんです。

その当時、米国も日本も半導体工場をコストの安い台湾生産に移行しようとしていた時だったので、ＬＥＤの応用技術についても台湾メンバーは貪欲でした。

そのころ既に米国からＬＥＤランプ基板の生産委託の需要が拡大しつつあり、欧米のＬＥＤ応用製品需要拡大の話題が台湾の円卓を囲んだ会食の場で華やいでました。

そういった雰囲気にも押されて、台湾メンバーと新竹にＬＥＤ信号灯器アセンブリ工場を作って世界にＬＥＤ信号灯器を販売する会社を始めようとしました。親父には細かい説明はせず、日本と台湾の合弁会社ＵＴＳ（１９９９年）を作ってしまいました。これを契機にＬＥＤ灯器開発を当社の技術メンバーと台湾メンバーで進めることになるわけです。

司会　中でもラスベガスの取り組みは独特だったようですね

社長　１９９９年に台湾メンバーと初渡米したラスベガス展示会は、自分にとっては衝撃でしたね。私は海外ビジネスの先生は台湾人のおじさんたち、20歳以上離れてましたからね。でも彼らの鷹揚《おうよう》さというか英語が喋れなくても米国に行って仕事取ってくるハングリーさとタフさというか、学ぶべきものが色々とあった。

今思えば、世界のシリコンバレーとなった今の台湾を、あの時代誰が想像できたでしょうね。当時サンフランシスコ州は、信号灯器をすでにＬＥＤ化仕様に踏み切っており、州政府が金融機関を介入させ消費電力が下がるコストメリットを電力会社に負担させる形、今で言うリース契約化をすでに行なってＬＥＤ化を実現した。ＬＥＤ灯器メーカー側は、最速で開発投資を償却し、世界への販売戦略を進めるという官民一体となった国家戦略があるのを知って愕然《がくぜん》としたんです。

その時、日本国内のＬＥＤ灯器は１００万／灯以上の価格でしたが、米国側では50万以下でした。台湾メンバーも驚いてましたが、これが世界競争の先端なんだなと自覚して、このままでは、日本が危ないと思いましたね。

ＬＥＤも西日仕様

司会　日本はガラパゴス化していた中で、２０01年ようやく東京がＬＥＤ化に踏み切ったんですね

社長　確かに諸外国に比べて本格採用になるまで4～5年遅れたと思います。

当時、石原都知事がシンガポールやマレーシアへ外交に行かれた際にＬＥＤ化された都市部の信号を見て、東京都のＬＥＤ化を即断され、２００1年に警視庁が正式仕様化を検討して、２００2年からＬＥＤ車両灯器の設置に踏み切ることになったと記憶してます。

そのＬＥＤ灯器の仕様をどうするかにおいても当時、各メーカー側の思惑があって、フレネルレンズを使った面発光タイプかＬＥＤ素子が見えるディスクリートタイプかの判断が必要となっていました。当時、明らかに面発光タイプが電球発光に類似しており、素子のブツブツ感のあるディスクリートより見え方の印象は良くて、主要業界メーカーはそちらの製品化に傾斜してたんです。我々もその開発もやってた

んですが、海外向け灯器開発を行う中で、フレネルレンズ仕様の問題点に気づいてたんです。

それは西日灯器でメーカーになった我々としては、必ず新たな開発製品は西日に当ててみる事を必須化していたんです。フルネルレンズ仕様の海外製品もやってみたところ、驚いたことに西陽が当たるとフレネルレンズに太陽光が反射して白化現象が生じたわけです。これは不味い、となったわけです。

それで、我々はディスクリート式で警視庁の担当官へ提案を進めて、その理由も説明しました。担当官も驚かれて、フルネル仕様が白化する視認ができる方法は？　と問われて、上方に45度ぐらい灯器を傾けて太陽光に当てると解りますと話してました。

それは、事件でしたね。警視庁の屋上で、メーカー各社のＬＥＤ車両灯器品評会、つまりＬＥＤ化仕様の最終テストを、警視庁上層部の方々を交えて行う事になっていたんです。その最終視認テストに簡易の西日テストが盛り込まれて、実施されたんですね。その場に立ち会った方々には、それを見てざわめきが起こるほどの驚きでした。

その結果も、各関係者には驚きの結果となったんです。陽が入ると白化現象となるフレネルタイプは、西日灯器を全国に仕様化させた警視庁の経緯もあって、不採用となりディスクリートタイプが正式採用になったわけです。

これも業界としては、信号灯器仕様化における大事件でした。それで、これを契機に日本の車両用ＬＥＤ灯器はディスクリートタイプが全国仕様となっていくことになりましたね。

この時も我社は、業界では嫌われ者だったと思います。

しかし、ディスクリートタイプ仕様になった事でシンプルな設計となり、フレネル式の集中光源タイプよりも長寿命な製品となって、日本は世界レベルで長寿命化出来ていると思います。

LED矢印灯器初期バージョン

司会　あらためて信号電材のLEDへの取り組みについて総括してください

社長　そうですね。電球式ランプから半導体のLEDランプに切り替えるのは技術として全然別物で、当時の当社のメンバーでの製品化は、まず不可能でした。でもどうしたら出来るんだろう？　という手探りで、日亜化学の工場に行って当時の社長さんと会ってお話をさせてもらったり、日亜の技術メンバーと議論したり、島根三洋さんとお付き合いしてLED矢印灯器を製品化したり、台湾メンバーと仲良くなることで、国内より先に海外向けLED信号灯器を開発して海外販売を先にやって行くわけです。まあ、今考えれば無謀というか。恐ろしい事をやってます。

なので、LEDの取り組みは社内というより社外との取組だったと言えるのかもしれません。国内のトップメーカーさんや海外メンバーとの取組や目線を国内から海外へ向けていった時代でした。失敗も多くありましたが、多くの海外展示会参加を通して世界の先端を学び、日本の姿を客観的に視れたことで、国内の信号灯器LED化というテーマについても冷静に手を打てたところがあったのかもしれませんね。

LED灯器開発を機会に我社は海外事業を広げていく事になるわけです。マレーシアで出会い後に入社する古閑くんと海外事業を色々と取組みましたね。海外事業を進展させた事でUTS台湾から中国へ生産移行して、UTS上海を設立し、海外展示会やODA事業を進めるに至り、LED灯器生産において我社のようなローカル中小企業が大手上場メーカーさんに負けないコストと対応力を手に出来たのはそのおかげだと思ってます。

他社がやらないことをやる

司会　今までのことを聞かれて専務は、ご自分の体験と重ねてどういう思いがおありですか。

専務　私が入社した時には大型構造物の特需があり、ポールやボックスの設計から入っていったので、信号灯器に携わる時間があまりなく、私の中のイメージでは鉄工部門で他社と戦っているイメージでしたね。ただ、そんな中で次世代の信号灯器開発に携わることになり、あらためてこれまでの信号灯器開発の変遷を学び、業界での当社の立ち位置を知ることができました。ここが大きな起点になったと思っています。

社長　東川専務が携わった低コスト型の信号灯機開発、そこから灯器事業に関わって我社の業界の立ち位置当りが少し見えてきたと思うのだけども、低コスト型の信号灯器開発は、各メーカーはやりたくなかったんですよね。事業予算が縮減傾向の中、伸びしろが見えない。なので業界の予算が萎んでいく中、かつ低コストかと。そんなこととしてどうするのみたいな。各メーカーさんからすると、もっと夢のある話はないのかという。
でも我々からすると、新しいニーズではあるわけでね、それをどう捉えるかなので。各社やりたくないと言っても、我々は社内的に新しい信号灯器を開発しようと始めたわけです。我々がやり始めたから他メーカーさんもやらざるをえなくてね、相当嫌われたと思うけどね。

司会　そうですよね、そこでコストダウンされると他のところもそうやらざるを得ない

社長　それをやる中でこれから要望される信号灯器とはどんなものか、より薄くて軽くてコスト性もあってリサイクルし易ければ、それはそれで世界に売れるかもしれんという感覚があるから、やっぱり極めたいなと。

国内感覚だけでは楽しくない

司会　信号機というのは世界一緒なんですか？

社長　ＬＥＤ化された事で国際共通規格になっているが、形状については日本が特殊。

司会　そうすると　ものすごく普遍性はありますよね。

社長　ありますね。以前の電灯式のときはなかったけれども、ＬＥＤになって世界共通になってますから。ただレンズ径の大きさとかはありますが、だからまあ、あの時も一つの階段をのぼった。やっぱり本質論って大事だなあということです。

司会　どういうことでしょう。

社長　お客さんがその時代に要望されているもの、そこをとらえて良い物ができれば、そこに市場があるなと。それは世界共通になる可能性がある。国内感覚だけでとらえていると楽しくないんですけど。

司会　ウォシュレットのような温水洗浄便座は、国内だけでなく世界中で売れている。信号機はもっと普遍性がある。

社長　日本だけではないから。そこを追求して

良いものができたら、売れるかなあというセンスは大事だなあと思います

司会　かなり海外事業を積極的にやられた時期がありますよね。

社長　そうですね。台湾との交流に始まり、タイ、マレーシア、ベトナム、モンゴル、ミャンマーへの納入実績がありますが、円高に振れた時代からリーマンショックもあり、今は海外販売事業については消極的ですね。

司会　可能性としてはあるけれども、可能性だけでは商売としてはなかなか難しい。それはどういうところにあるのでしょう。

社長　そのタイミングというのが重要でしたね、時代のね、僕らは、あの時リーマンショック（２００８年）が起きなければ、中東のＵＡＥでの事業が興せていたという確証があったのですが。その時にリーマンが起こってドバイの案件がポシャったというのが大きかったですね。だから、海外事業においても時代の流れや色々な背景がありますが、まあちょっとしたずれで成功したり、失敗したりというのが確かにあるので、これで諦めては終わりなんだろうなと。

司会　結局、日本の世界的電機メーカーが現状にこだわって、世界から取り残されるようなことがありましたよね。でも信号機は世界で普遍性があり、同じような機能を果たしているわけですから海外に広げていくという視点は捨てない。

社長　そのへんのね、視点は常に持っていなければと。

司会　あとは準備とタイミングみたいな。

社長　今、日本で抱えている課題があるんですけど、そいつを解決する方法というのは、全国にある、まあ世界にある。同じ課題を持っているわけですからね。日本だけの課題ではない。それを解決すると、外で売れるのかもしれんとね。眼先だけ考えたらそんなことしなくていいとかね。

ウランバートル駅に設置された信号電材の信号機

マレーシアに設置された信号電材の信号機

司会　日本の町工場で、世界のシェアの七割八割持ってる工場とかありますもんね。交通信号って町の中で日頃意識してなくても気付くと際立った存在。子どもたちが一番最初にルールとして覚えこまされるのは交通信号です。注意、渡れ、止まれと。

社長　万国共通のね。

司会　顧客というのは、交通信号を発注したり、施工したりという側だと思うんですが、信号見てるのは普通の一般の人ですよね。信号機と一般の人たちとの関係についてのお考えはありますか。私なんか今まで全く意識してなかったんです。

社長　空気みたいなもんですからね。あって当たり前。一般の人は意識していないというか、意識していないから、国がどっかで作ってんだろうなとかね。

司会　もともと交通規則だから警察が関連しているんだろうなと、それすら意識していない。そういう意味では、みんなが意識するきっかけになれば面白いと思いますが。

社長　熱心な信号マニアはいらっしゃる。

仕事と社会的な意味が重なる

司会　そうすると専務が入社された頃は、ある程度会社の基盤みたいなものはできていた。

専務　当時はできていたと思っていましたが、今振り返ると、まだまだ課題の多い状態だったと思います。モノづくりの中でチャレンジしていかなければならないことは、低コストで高付加価値。一見矛盾しているようにもみえるんですけど、矛盾の先に技術革新がある。それを灯器開発の中で教えてもらったという思いがあります。この辺りが創業者精神に重なるんだろうと感じます。言葉で伝えてもらうのもありますが、この灯器開発で体感できたと思います。

また、この灯器開発において当社の業界での立ち位置も学びました。競合他社の技術者と協議する場面や、新型灯器の品評会では、全国の警察本部の方々とやり取りをさせて頂き、当社に対する信頼と期待を感じると同時に、日本の交通の安全安心の一翼を担っていることを強く実感しました。

社長　それはあるよね。信号電材の位置というのを自分の肌で感じた。

専務　それまで伝え聞いていたけれども、その時に自分の中で仕事と社会的な意味が重なる部分がありました。大きく意識が変わる瞬間でしたよね。

社長　ここ（大牟田：職場）にいると、お前すごいことをやってるんだよ、と言っても解らない。

専務　その中で今、私たちが造っているモノの意味は何なんだろうと考えていて、純粋に世の中の安全安心を作ってるんだと感じたんですよね。だから、私たちの「世に資するもの」とは、人の命を守ることに繋がる。世の中の安全安心をつくっていると。

司会　人の命にかかわるものということですよね。

専務　これからバトンを受けていく身としては、私たちは信号機を造るというより世の中の安全安心をつくっている会社なんだということを、社員みんながもっと自覚していく必要があると考えています。

今まではオーナートップに聞かないと判断できなかったけれど、安全安心をつくっていく会社だから、それぞれが仕事の判断軸を「安全安心を創る」にしたいと思います。

司会　社員それぞれの中からそういう言葉が出せる。

専務　そういう会社にしていきたいと。

大量受注と危機的施行問題

司会　技術革新をやられてきて、メーカーになった。大手に伍して自分たち独自のものを占めて来た。その中で一つ一つ問題を解決してきたのでしょうけれど。危機的なことはなかったですか。

社長　やっぱり、ははは、恐ろしい事が一杯有りましたね。

司会　話せる範囲内でなにかありますか。

社長　そうですね、ポール部門では、車のナンバー読取装置の端末用の門型撮像装置用ポールがあるんですが、私が大阪の所長時代に、平成7年にオウム事件があって、犯罪抑止の考えから、自動検問所で車のナンバーを読み取るという装置を県境に設置していくという計画が、交通と部署が違うのですが警察庁側から指示が出まして。

司会　犯罪対策側からの、監視カメラ的な。

社長　そうです、それが犯罪抑止対策でその年に大量に発注された。で、その構造物設計のお手伝いをして本社工場が九州にあった関係もあり、西日本エリアでの発注について多くの受注を頂きました。

ところが、その翌年だったか2年後に、阪神高速に立てたポールが点検口の上部から割れてるというのが見つかった。阪神高速の上だから、すごい揺れるわけですよね、10トン車がバンバン通って。両端の橋脚に立っているからすごい揺れてるわけです。すごい交通量で、倒壊したら大惨事。うちの会社が吹っ飛んでしまうくらいの事になる。で、それで、すぐに九州から現場に来させて、溶接して固めて倒れるのはクリアしたんですが、その後、何でこんな事になったんやと、原因究明の会議があるわけですよね。それにだいたい1週間ぐらい缶詰になった。

司会　一本あると他の所でも起こる可能性がありますよね。

社長　構造欠陥だったら全部に起こるというのがあるから。阪神高速には他に数基、建っていたんです。その建て替えになるとうちの会社もちでの工事費用になるんです。高速道路での建て替えは、すさまじい工事費になるんですよ。

司会　何年ぐらいで亀裂が入ったんですか。

社長　１年２年、そんなことありえないわけです。完全欠陥問題なわけですよね。だから　あの時、「うちの会社しまえた」って思いましたね。うちの会社の責任だったら完全に。

司会　それはどういうふうにして乗り越えられたんですか

社長　その現場は、私が大阪所長時代に建柱工事する時に、たまたま夜間建柱に私が立ち会ってたんですね。実際現場で梁と支柱の接合が上手く行かなかった現場だった事を記憶していたので救われたのですが、結果的に言うと、施工問題だったんです。要は、橋脚に建てた支柱部分の架台の現場溶接が、わずか数度でしたが下がって溶接されていた事が後で解り、当時そこをボルトで無理無理接合させて開通させたんです。その時、私がうちのメンバーに指示して、どういう状態だったかを調査させて記録していたので助かりました。本来、架台そのものを直さないといかんわけですが、それを怠っていたようで、行ってない。あーそういうことかと。施工側を問い詰めたわけです。上場の大きな会社ですよ、そこのクレーム担当メンバーが来て、クレーム対応するわけですから、こちらを打ち負かそうとするわけです。しかし、当時の現場調査データを提示して、その後の「施工どうしたのか?!」と問い直した。「調べる」となって、翌日の会議の中で施工ミスを認めて無罪放免となりました。

司会　最初逃げようとしたんですね。

社長　内部報告を怠っていたのかもしれませんね、事実行ってないから、嘘つくともっと大変なことになる。

司会　何でもそうですよね、トラブルというのは起こるんだけれど、それから逃げると後が大変。

社長　ただ、大問題になって。修正を何でしなかったのかわからないけれども。あそこで私が現場立ち合いしていなくて、事実がわからず「申し訳ありません」ってやったら、会社が無くなっていたかもしれないと思うと、ゾッとする事例でした。最後までとにかくねばってねばって。

司会　責任はどこにあるかを。

社長　まあ、ああいう事もあるんですね。あの時は自分も1週間お白州の場に立たされた。

司会　最初は自分のところに原因があるんではないかと思ってしまいますよね。

社長　思いますね。心が折れそうになりました。まあ、けれどもスタッフメンバーが記録をちゃんと残してくれていて、その資料を持ってきてくれたから。品質記録の保持は大事です。

司会　その記録資料がきちっと残ってたから良かった。とても大事ですよね。

ＬＥＤの量産化と滅灯問題

社長　まあ、ポールのジャンルではそういうことがありましたし、灯器の方では、やっぱり、ＬＥＤ灯器滅灯問題とか。２００２年から警視庁で信号灯器のＬＥＤ化が仕様化されて発注されていったわけですけども、その最初の一年目のＬＥＤ灯器受注は、色々とあって我社の受注率が非常に高かったのでスタートから好調で浮かれていたわけです。が、翌年、ＬＥＤ灯器の滅灯問題が発覚してくるんですね。

ある意味ＬＥＤの製品というのは半導体ですからね。本格的な車両灯器のＬＥＤの量産化というのは初めてだった。その当時、ランプユニットの生産を台湾で進めていまして、電子基板の生産ラインの品質管理という視点も、我々の中に甘さがあった。電球とＬＥＤって全く別物で、台湾の合弁会社側にお任せしていてこちらで管理する専門技術者がまだ不在だった。調査すると電子基板のハンダ槽の温度管理がきちっと管理されていなかった。生産ロットの中にLED素子に熱を加え過ぎている要素があり、内部で半導体剥離するわけです。生産ラインを確認するとそういった要素があり、それで、リコールを決断しました。車両灯器だったので取替費用は高額なものとなりましたが、それを機会にパナソニックから電子基板設計技術者の秋永くんというスタッフも入社して、半導体の取扱も管理できるようになりました。

司会　その後は国内で作ったんですか。それとも台湾のちゃんとしたところ。

社長　いや、その後は中国に移して、中国に進出している日本サプライヤーで生産しています。いろんな痛い目に遭いながら組織は進化してきました。

司会　そういう意味で品質の管理ってものすごく重要なんですね。

そのへんはいかがなんですか。ある意味では、それまでのものづくりの世界がありながら、電子製品では、テクノロジーのステップが変わってくるわけですよね。

社長　そうですね。我社も生産シェアが大きなものになっている事からも、品質保証部を設立して、ものづくりのバリエーションが変わっても、客観的監査によって品質保証を担保できるような組織補強を急ぎ進めています。

チャレンジ精神と安全安心

専務　当時無謀と思われたことも、「世に資する精神」でチャレンジする。そのチャレンジ精神は引継いでいく必要があると思います。また、時々に新たなメンバーを加え、技術レベルを上げてきたと思います。これからも過去に学びつつ、安全安心を創り出すチャレンジを続けていきたいですが、当時のように勢いだけでは難しい時代ですので、石橋を叩いて渡ることが重要だと思います。

司会　石橋を叩くだけでは進まない。

専務　石橋を叩くだけで、これは危ないですと言って渡らないばっかりだと、結局何も始まらないので、進むか進まないのか、そこをどのようにジャッジするかが問われると思います。

司会　不易流行じゃないですが、その伝統的なものづくりの精神を引き継ぎながら、現状にどういう風に向き合っていくか。

専務　現在はモノがなかった時代から、モノ余りの時代になって、モノからコトに軸足が移り始める世の中になっています。これからもモノづくりには拘っていきたいと思いますが、コトづくりにもチャレンジする必要があると思います。そこにも「世に資する」をテーマに取り組みたいと思います。

信号事業と照明事業

司会　新しく照明事業もやられてますよね。そういうような現在から未来の話に移りたいと思うんですけれど。やはり社長がおっしゃった如何に持続的に継続していくか、いわば三代続いた糸永家ではなく、社員の中から次期社長を選んで展開していこうとおっしゃっている。今の問題、将来を見据えた形で具体的に見とおすことありますかね。

専務　照明は、光を発するという点では信号灯器と重なる点があると思っていたんですが、10年照明事業をやる中で、全く違うなと思い始めています。また、業界も信号事業は官事業なんですけれど、照明事業はどちらかというと民の要素が強く、お客さんの質も違います。そして、コンペチター（競争者）も信号事業に比べ相当たくさんいます。一方で、その分広くて大きい市場ではあるので、大手が攻めないニッチな部分で戦える要素があるかなと思います。

司会　照明はある種の芸術的でパフォーマンス的な要素がありますよね。イルミネーションを使ったりして、対象物に光をあてて違うものに変容させていくとか。照明器具を作るということと、照明で新しいコトを生み出していく。その辺は、どういう風にお考えでしょうか。

専務　照明というのは照明器具というモノづくりと、照明器具で道路や建物を照らし、安全安心を生み出し、魅せる演出でコトづくりする、二つの見方があると思うんですね。演出することによって人が集まってくる要素もあります。そして演出されて魅了されたものにお金を落としていく。それが「コトビジネス」につながっていく。

司会　単に光をあてるというだけではなく、演出するためにはディレクターがいたり、アーティストがいたりという世界になっていくわけですが、これまでのモノづくりとずいぶん質的に変わってきますよね。

専務　かつ、それで飲食店などに来た人がお金を落とす、そこのイベントと関連した施設にお金を落とす、というトータルに収益を生みだすビジネスモデルを作らないといけないと思います。そうなるとプロデュース的な仕事や人やモノをコーディネートができるのかが大きなテーマになります。

司会　そういう新たなチームを作らないといけないというわけですね。

専務　そうですね。そこは信号電材のモノ作りとは全く違うと思います。

司会　発想が違いますよね。

社長　別物でしょうね。

司会　そこには可能性はあると思うんですが、それをどういう風にやっていくかというのはかなり難しいですよね

社長　信号電材のテーマと、ライティング部門のテーマは別物としてとらえないといけないと

思います。だからホールディングス傘下として、信号電材の下にいるから難しいんですよね。これ以上信号電材の下で育てるのは難しいなと思うんで、別物にしないとだめですね。

専務　今ライティング部門で目指そうとしているのは、トータル的にプロデュースできる人材を育成し社会をデザインすることがコンセプトです。それを信号電材が50年やって来た頭でやろうとしても難しい為、社長がおっしゃるように、ライティング部門は信号電材から独立した位置で取り組む必要があると思います。信号事業は50年やってきて、供給責任があるわけで、そこはしっかり守ってやっていかなければなりません。その中でライティングというのは違った思考でやる必要があり、そこは切り分けてやっていこうというタイミングにきていると思います。

司会　やはり信号灯器が土台というのは変わらない。

専務　信号電材は、信号灯器・ポール・ボックスの主要3製品はベースとして変わらない。そして、モノづくりが土台の会社であります。

モータリゼーションの進化と信号

司会　将来モータリゼーションが進んで、自動運転とかになっていったら、信号機はどういう風に変わる可能性がありますか。

社長　なんというか、飛んで路上走行しなかったり、また完全に歩車分離できれば、車と人が交わるということがなくなるので、信号機はいらなくなるかもしれない。けれども、ちょっと日本の場合は考えづらい。

司会　素人考えでは、高速道路はレールと一緒で自動運転になる。公共のバスとかは自動運転になると思いますが、町中ではちょっと難しいですよね。

専務　スマホと信号の連動は既にあります。

社長　但し、スマホを簡単に操作できる年齢とハンディキャップ持った人もいますから。

専務　スマホと信号の連動は補助的な役割になるでしょうね。完全自動運転の社会は時間軸でみると、10年では実現しないと思います。30年、50年となるとあり得るかもしれません。たとえば10年後だったら、特区（ある一定の地区）で、自動運転車だけしか入れないようにして、その特区の信号機は補助的な役割になるなどは十分考えられるんですけど。日本の交差点が全て自動運転用の信号に切り替わるかというのは、この10年ではないと思います。

司会　歩行者をどうするかというのが難問ですよね。

専務　そうですね。そこも色々と考えているんですが、歩行者というのはなぜ移動しているのか考えれば、職場に行くとか買い物に行くとか、目的地に行くために移動しているじゃないですか。しかし、コロナ禍でＷｅｂ会議も普及し、在宅勤務も増えました。また、ＥＣも進んだ時代になってきて、自宅にいても欲しいものが買えるようになっています。もしかしたら人は移動しなくても目的を達成できるようになると、道路から歩行者がいなくなる？とも考えたんですけど、実際は人間というのは移動することを楽しむ性質があり、アフターコロナで観光旅行なども増加傾向にあると聞きました。

司会　逆にコロナを経験したので、むしろ子どもたち同士の接触がなくなると、登校拒否とかコミュニケーション不全が増えている。じっと家にいても物は買えるけれど、移動して身体を使わないと頭も体もおかしくなる。

専務　動けるときは動き、動けない時は家で買い物や打合せをするというハイブリッド型。そうなりますよね。そう考えると、人の移動というのは無くならない。人は移動するという価値観は変わらないと考えると、そこで一定の秩序を維持する為に信号機の需要はあると思います。

だからこそ、しっかり供給責任を果たす為にも会社を次に繋げていきたいですね。

司会　信号機の点滅時間を、人や車の往来の増減に合わせて調整することはできるんですか。

専務　現在、日本の交差点の約3割が中央管制センターと繋がっており、必要に応じて調整することが可能になっています。また、管制センターと繋がっていない交差点も、制御機側で曜日や時間帯によって調整できる機能がありますので、朝の通勤時間帯や休日混雑が予想される道路などは、その状況に応じた設定が行われています。

司会　ビッグデータみたいなもの、今でも学生さんがアルバイトで交通量を調査している。あれは十分できるんじゃないですか。

社長　できますね。

交通信号の多機能化

司会　さっきおっしゃった高速道路にあるカメラ、あれから発想して、中国みたいに監視社会になるのは嫌ですが、信号機機能の多様化というのは考えていらっしゃるんですか。

社長　これから交差点の価値がどんどん変わっていく世界になってくる。車両の交通情報だけでなくて、歩行者の安全安心の見守りサービス、気象観測センサーをつけて交差点単位で気象がどうなっているかとか地震で揺れたとか水没したとか凍結したとかの気象情報データや災害時の避難誘導にも活用できる。

専務　そのデータ活用については、官民で協議が続けられています。交差点の価値を上げていくということに、みんな賛成はしているけれども、社会実装に向けてはまだまだハードルがありそうです。

司会　たとえば信号電材のほうから、関係しているところに提案していくというのは可能なんですか。

社長　交通信号という設備に対して今後こうあるべきという提案はしていくべきだし、今既存設置されている物量と耐用年数と、一年間に更新されている量とを考えると、現状の更新ペースでは絶対間に合わない。この問題いったいどうするんですかと。同じ設備・施工をやっていっても莫大なお金がかかるだけで、ホントに最先端の技術革新のもとにやれば、こういう可能性がありますよ、将来的に簡単なメンテナンスでこうやれますよ、ということをやりはじめないと日本はこれから大変ですよ。だからその辺の提案は我々からしていく必要があるし、20 30年以降の世界は、今手を打っていないと大変なことになると思える。

司会　初代の社長の本によると、お困りのことはありませんかという姿勢でしたよね。今は、もっと積極的に提案していく必要がある。

社長　現代の業界官僚の方々は、4年とかの周期で変わられていってしまう。専任の担当官がいる県って、少ないんですよね。ほんとに、この国のこれからの交通インフラの課題認識を明確に持たれている方が少なくなってしまっている。また、各メーカー側も楽しい未来を描けなくなっている。だから、ちょっと皆さん引き始めている。どっちかというとDX化とかソフト系のほうが未来観を描いてますけど、やっぱりそう簡単にソフトだけではできないからですね。端末をどのようにするか、我々みたいなローテクメーカーじゃないと提案できないんだろうなと思うところはあります。だんだん予算も縮小するし、それに携わるメーカーや工事屋さんがどんどん減っていくんです。だから、「いざ鎌倉！」って時、すぐ交換しろって言われた時に間に合わない。

司会　コロナでありましたよね、人手不足ってあれだけ言っていたのに、人が戻ってこない。

社長　まさにその世界になっちゃうんですよね。我々の役割というのはホントに起こった時に対応できるかというところからね、発信して、各県単位で地道に積み上げる計画をやっていかないと、この国の安全安心を司る道路インフラが、やばいですよって思うんです。で、モノづくりのメーカーとして永続的に信号電材はそこを守るという役割を担ってほしいなと思ってる。そのためには一時的に縮減される部門なんかもあるわけですが、それをどうやって支えるか、ということもやっていく必要がある。

受身から能動的な人材に変える

司会　これからの新しい時代に対応するためには、それに相応しい人材が必要だと思うんですけれども、どういう風にお考えですか。先ず、どのような人材を必要としていますか。

専務　当社の今の人材は、分かりやすくいうと自分も含め受け身人材。これも否定したくないのですが、今まではそれでよかったと思います。トップがリーダーシップを発揮されてオーナー家主導で即断即決でやってきました。多少粗削りな面もありますが、そうしないと道を切り開けなかったと思います。

司会　日本全体がそうですよね。

専務　しかし、これから信号電材が目指そうとしているのは組織経営です。私がやりたいのは経営理念を軸に組織経営していくことです。そこには、この会社の存在意義を改めて定義し、信号灯器やポールやボックスというモノを造っていることは、世の中の安全安心をつくっていることに気付くこと。そして、それは人々が安心して次の一歩を踏み出すことを支えていることに繋がること。そのような大事な仕事をさせて頂いていることにそれぞれが使命感を持って、何をしなければならないか、自ら考えられる人材を増やしたいと思います。その為にも、外から新しい血を入れることもやっていきます。自ら企画したり提案できる人材を入れることで内部を活性化し、経営基盤強化も図っていきます。
司会　非常に大事なことと思います。実際にどうなんでしょう。ここは大牟田では本当に中堅の会社になっていますが、若い人たちは集まってきますか。
専務　なかなか集まってきませんが、今後はこの50周年を起点に外に向けたアウターブランディング（対外広報・アピール）も企画していきたいと思います。
司会　人材がおさえですよね。
専務　この建物も、アウターブランディングの要素がありますよね。外観はビンテージ感を出し、内部は近代的な構成になっています。また、ワークスペースとオープンスペースを分けるなど、コントラストをハッキリさせメリハリをつける。堅苦しい事務所ではなく、柔軟な発想ができるような空間を目指した事務所になります。
司会　一つのセンスですよね。若い人たちが求めるのは待遇もそうだけれど、会社が持っているセンスみたいなもの。働いて、楽しくてカッコいいとか。
専務　そういう建物をみて、何かしらセンスを感じて頂き、足を運ぶきっかけにしてもらえるとありがたいですね。
司会　そういう意味では重要ですよね。
社長　だまくらかす（笑）。
専務　今日は話が出なかったですけど、信号灯器の筐体設計に工業デザイナーを入れて、デザインした会社は信号電材だけだと思います。公共物というのは、だれでも目にするものなんですよね。誰もが目にするものが、繊細に設計されてデザインされている。見るものが美しいなと、日本人の美意識に触れるようなものを、公共物製造で意識するのは大事なことであると工業デザイナーから教えて頂きました。それは日本の公共空間を豊かにすることに繋がるんですね。この辺はこだわってつくっているので、信号電材というのはデザインが洗練されていると

本社エントランスのラウンジ

評価頂くこともあります。

司会　社会主義国家であれば三つ信号灯がついていればいいという話になりますよね。

専務　信号機は誰もが目にする街のシンボル的存在です。機能性だけでなく、デザインにもこだわることは公共空間の価値を高めることに繋がると考えています。そしてそのこだわりは、このレンガ造りの本社事務所にも反映されていると思っており、信号電材の考え方が表現されているように思います。

司会　町に行った時に、その信号のセンスが良ければ、カッコいいと思うことがあると思うんです。学生たちがいて、地方から出てきて、その人たちが福岡や東京の信号ってうちの地元と違うよなって。それが自然にデザイン感覚を育てていく。

専務　ほんとにそうなんですよね。もともと人間が持っている本能的な、真善美を求めるというのがあって、美というところは単にキレイやカッコいいだけではなくて、私の中では秩序と思っています。秩序正しいもの、調和が取れているもの、それに対して美しいという感覚を人間は持つと考えており、そういったところに働きかけ考えられたデザイン。

司会　こういうセンスなんだと。

専務　それが分かりやすくこの建物にも表現されていると思います。これまであまり外向けに発信しませんでしたが、アウターブランディングやリクルートにも使えると思います。そして、何より信号電材は安全安心を創る会社として、この存在意義に共感してくれる仲間を増やしていくことが、これからすごく大事になると思います。

新旧のメンバーと共に新たな会社を

司会　最後に今回50周年ということで社長にはいろんな感慨がおありになると思うんですけれど。

社長　振り返るといろんな思いがある。やっぱり継《つな》いで欲しい。せっかくここまで作ってきたので、永続的に継ないでいける組織体になってくれたら、それが一番の望みですよね。

司会　ある意味同族以外の人間を社長に据えるというのは、経営者としてはかなり勇気がいったのではありませんか。

社長　最初からこんな考えはなかったのです。所有感というか、会社を自分のものというふうには考えなかった。交通信号事業の生産シェアが、全国50％以上になってるんですよね。これはね、これを補完してゆくというのは、公共性というか一族の問題ではない。それを個人の欲得でね、個人所有的な要素で考えていったら違うなという。人間の常として所有欲というのは常に出てくる。そうではなくてこの組織があることで、社員の生活も維持できる。事業的な面から見れば、公共施設の安全安心を果たす役割というか、そこを継いでゆければそれが一番重要なのかなという気がするわけです。

司会　初代社長が言われた「世に資する」ということでもありますか。社員に対しても社会に対しても。

社長　その辺をみんなが認識してつながっていけば、不可能ではないのかも知れんですね。

司会　専務はどのように受け止めておられますか

専務　重たいとしか（笑）。

司会　任せるぞと言われてもね。

専務　私の中では、創業家で引き継いでもらいたいという気持ちはありました。でも結構長い間、社長からそういう話を聞かされていて、去年の一月ごろに決断を迫られました。非常に悩みましたが、自分の人生を考えたときに、厳しい道を選ぶということも自分磨きには大事だと考えました。そして社長も言われたように、自分一人がリーダーシップを取るのではなく、組織として作り上げていかねばならないこと。そこが、社員一人一人が自ら考えるという会社になっておけば、次もまた自ずと継いでいけると。いつの時代も社会の公器としての存在価値が明確であれば、その時代時代でやることというのは見えてくる。そういう形で、今度私が受けたら、私の一番の仕事は、次の社長にバトンを渡すことだと考えています。そこを真剣に考えて取り組んでいきたいと思います。

司会　重たいけれど、やりがいはある。

専務　やりがいがあると言えるように成長したいですね。

社長　実はね。彼が一番嫌がってた。ＳＤ会というのがあって、次の経営者養成の会で、４年ほど研修をやっていた。

専務　そこで、経営を担っていくメンバーと、人材育成のメンバーとに分けたんですよ。私はどちらかと言うと裏方で支えていきたいと思っていましたが、なぜかいろんな場面で、経営メンバーとしてチャレンジしてみないかということが、目の前に現れるんです。退ければ退けるほど。

司会　なぜ、専務に決められたんですか。

社長　そうねえ、うん、あんまり欲得がない。まあ目先の欲で走ることはないなと。それと謙虚さね。自分とは全然違う（笑）「オレがオレが」がない。組織経営をする上ではね、それが大事だということがあって。今までのリーダーと全然違うんだけれど、組織経営してゆく上で、必要な人材はその辺なのかなと考えた。

新しいメンバーと古いメンバーといるわけですよ。えてしてね、新しいメンバーと古いメンバーの間で、確執というかいろいろ出てくるわけです。その中でも古いメンバーが、納得するというか、会社を変えていかなきゃいかんのだけれど、切り捨てるんじゃなく、そういう苦楽を共にしたメンバーを率いてゆくリーダーがいるんですよね。ばさっと切る人もいるんだろうけれど、そういうメンバーを大事にして欲しいなと思った。まあ、古いメンバーも過去に固執せず、次の若いメンバーにバトンを繋いでいく意義を体得して欲しい。

司会　経営と企画も大事だが人情も。

社長　そうでないと、一時的にはいいかもしれないけれど、将来的にはおかしくなる。その辺も含めて決めたわけです。

司会　ありがとうございました。

２０２３年３月６日　（信号電材株式会社にて）

50年誌資料編

信号電材株式会社【略年表】＊ゴチックは製品沿革

1972年10月　糸永嶢《たかし》社長（当時48歳）、信号電材株式会社を設立（大牟田市三川町3丁目62番地）
板金製端子箱及び電源箱の製作・販売を開始
1974年7月　中部営業所開設（名古屋市中川区三ッ町）
1975年　**溶融亜鉛めっき仕上鋼管柱及びアルミダイカスト製端子箱製作開始**
1976年　**交通信号専用鋼管柱製作開始**（溶融亜鉛めっき仕上）
1980年5月　本社工場（第一工場）を新築移転（大牟田市新港町1－29　現在地）
1982年　**大型標識柱製作開始**
1983年　製缶部門拡張のため本社工場増設。**ボックス板金の自社生産開始**
1984年　**電力向け配電ボックスを製作開始**
1985年　**アルミ鋳造型車両灯器製作**（三井アルミニウム工業との協業）
1986年　**アルミダイカスト製車両灯器**（分離型筐体）**開発に成功し量産化**
1987年6月　第二工場を新設増設。東京事務所開設（東京都品川区上大崎3丁目）
7月　**アルミダイカスト製車両灯器　受託制作開始**
1989年9月　本社第三工場を新設増設　ポール生産部門の拡充
1990年4月　営業部発足　自社ブランドの拡充

1991年9月　**差込式端子型アルミダイカスト製端子箱製作開始**

1992年4月　関西営業所開設（大阪府東大阪市長田東1丁目78番地）、中部営業所を統合閉鎖

10月　20周年式典開催。現・会長糸永一平社長就任（当時39歳）

11月　**疑似点灯防止車両用ランプユニット（92Ｂ）開発成功→西日対策灯器生産開始**

1993年4月　警視庁において西日対策型車両灯器全面採用。他社ＯＥＭ生産開始

7月　韓国電気交通との交流開始、海外との交流が始まる。

1994年10月　**西日対策歩行者灯器（94Ｂ）開発成功→生産開始**

1995年1月　**ＬＥＤ矢印灯器生産開始**

7月　**疑似点灯防止ランプユニット（95Ａ）開発**

8月　中国営業所開設：シグナル電子との提携（広島市南区段原日出町23－19）

＊阪神大震災、オーム事件：撮像装置搭載用門型柱大量受注

1996年2月　**視角制限灯器開発→生産開始**

5月　東北営業所開設（宮城県仙台市太白区長町1丁目1－13）

9月　資本金８０００万円へ増資

1997年5月　北海道営業所開設（札幌市東区北三十三東条14丁目6番23号）

6月　九州営業所開設（福岡市博多区博多駅前2丁目11－12）

7月　西日対策ランプユニットの台湾輸出、台湾迎儀有限公司との輸出入開始

1998年6月　アルミダイカスト製一体型車両灯器筐体開発
疑似点灯防止型レンズ（98Ｂ）開発
1999年6月　歩行者用疑似点灯防止型レンズ（99Ｐ）開発
7月　台湾との合弁会社ＵＴＳを設立。海外展示会に参加（ラスベガス・トロント・シンガポール）
＊海外向け車両用ＬＥＤ灯器開発に着手
2000年　アムステルダム展示会、マレーシアＪ＆Ｍとの交流、中国青島への訪問
2001年6月　荒尾高浜工場開設
10月　ＩＳＯ9001認証取得
＊警視庁ＬＥＤ車両灯器仕様評価試験においてディスクリートタイプ仕様に決定
１９２素子型ＬＥＤ車両灯器開発と量産化を進める。
2002年4月　警視庁ＬＥＤ型車両灯器仕様発注、１９２型ＬＥＤ車両灯器量産化
5月　創立30周年式典開催
8月　マレーシア展示会への出展
2003年5月　中部営業所再開設（名古屋市東区葵2丁目3－22）
8月　バンコク、ソウル展示会への出展
2004年7月　ＬＥＤ車両用薄型アルミ筐体→生産開始
8月　米東海岸フロリダ展示会への出展

２００５年３月　台湾での部品生産をクローズ、中国生産に移管する。
北海道の北王通産を関連会社として株式取得
ノンクロム表面処理設備導入（第一工場）
５月　人材派遣会社ＨＣＣ（Human Commitment Center）設立
７月　糸永康平社長就任（当時50歳）
東部事業所開設
10月　ＩＳＯ１４００１認証取得
２００６年３月　**ＬＥＤ歩行者用薄型アルミ筐体→生産開始**
７月　表面処理・塗装・組立の一貫生産ラインの確立（大牟田事業所）
海外事業部上海事務所を設置
９月　**端子箱筐体をリニューアル**
待ち時間表示式ＬＥＤ歩行者灯器の生産開始
２００８年４月　製造部へ生産技術／品質推進室を設けＪＩＴ生産方式を導入
次世代経営者研修ＳＤ会発足
７月　ＵＴＳ上海（宇拓司貿易上海有限公司）を設立
ＵＴＳ中東をＵＡＥドバイに設立
10月　佐藤康隆取締役管理部長死去

２００９年　撮像装置搭載門型柱更新受注と信号灯器販売3万灯超えを達成し、初売上高59億台達成

　　リーマンショック影響によりＵＴＳ中東クローズ

２０１０年2月　ＱＡＴ（青島有明高新科技開発有限公司）を中国青島市に設立

　7月　北王通産を「ＳＤエンジニアリング株式会社」に変更する

　9月　ドイツＨｅｓｓ ＡＧ社との合弁会社「ＳＤ．Ｈｅｓｓライティング株式会社」を設立。照明事業立上げ

　12月　名誉会長糸永嶢死去（30日：享年86歳）

２０１１年1月　名誉会長糸永嶢社葬実施（於　大牟田文化会館大ホール）

　3月　ＳＤ．Ｈｅｓｓ Ｌｉｇｈｔｉｎｇ、東京ビッグサイト「ライティングフェア２０１１」出展

　7月　ＳＤ．Ｈｅｓｓ Ｌｉｇｈｔｉｎｇ、本社屋外展示場オープン

　9月　荒尾事業所、信号ポール新生産ライン「Ｇｏ－Ｗｉｎｇライン」稼働

　　フラットリング開発→生産開始

　　拡散式車両ユニット１０８タイプ開発→生産開始

２０１２年10月　荒尾事業所、ポール仕上加工工場新設稼働

　　創立40周年式典開催、古参メンバーの退職

２０１３年3月　ＳＤ．Ｈｅｓｓ Ｌｉｇｈｔｉｎｇ、東京ビッグサイト「ライティングフェア２０１３」出展

　　一般職育成研修ＮＦ会発足

12月　照明事業：**LED道路照明灯「ATUMO」開発**

2014年4月　SD．Hess Lightingを完全子会社化し、SD Lightingに社名変更

2015年3月　SD Lighting、東京ビッグサイト「ライティングフェア2015」出展

照明事業：**スマートポール開発（多機能型ポール端末機）**

2016年　警察庁主導**「低コスト型250Φ LED車両灯器開発」**、他社ODM提携

2017年3月　SD Lighting、東京ビッグサイト「ライティングフェア2017」出展

4月　**「低コスト250Φ型信号灯器」全国仕様化、他社ODM生産開始**

育成研修SD会（三期生）、NF会（三期生）にて育成研修終了宣言

2018年5月　照明事業：NPL（New Public Lighting）プロジェクトスタート

物流輸送改革、JTPシステム投資、本社移転計画投資

2019年3月　SD Lighting、東京ビッグサイト「ライティングフェア2019」出展

4月　本社事務所移転実施（大牟田文化遺産建築の事務所化）

11月　大牟田事業所組立ライン増設（第二工場2F）

2020年4月　システム投資：VDI、コロナ：リモートワーク対応

購買部門の組織強化

初の売上高60億超達成、信号灯器販売4・4万灯販売達成

2021年6月　SDホールディングス株式会社設立、グループ会社株式集約

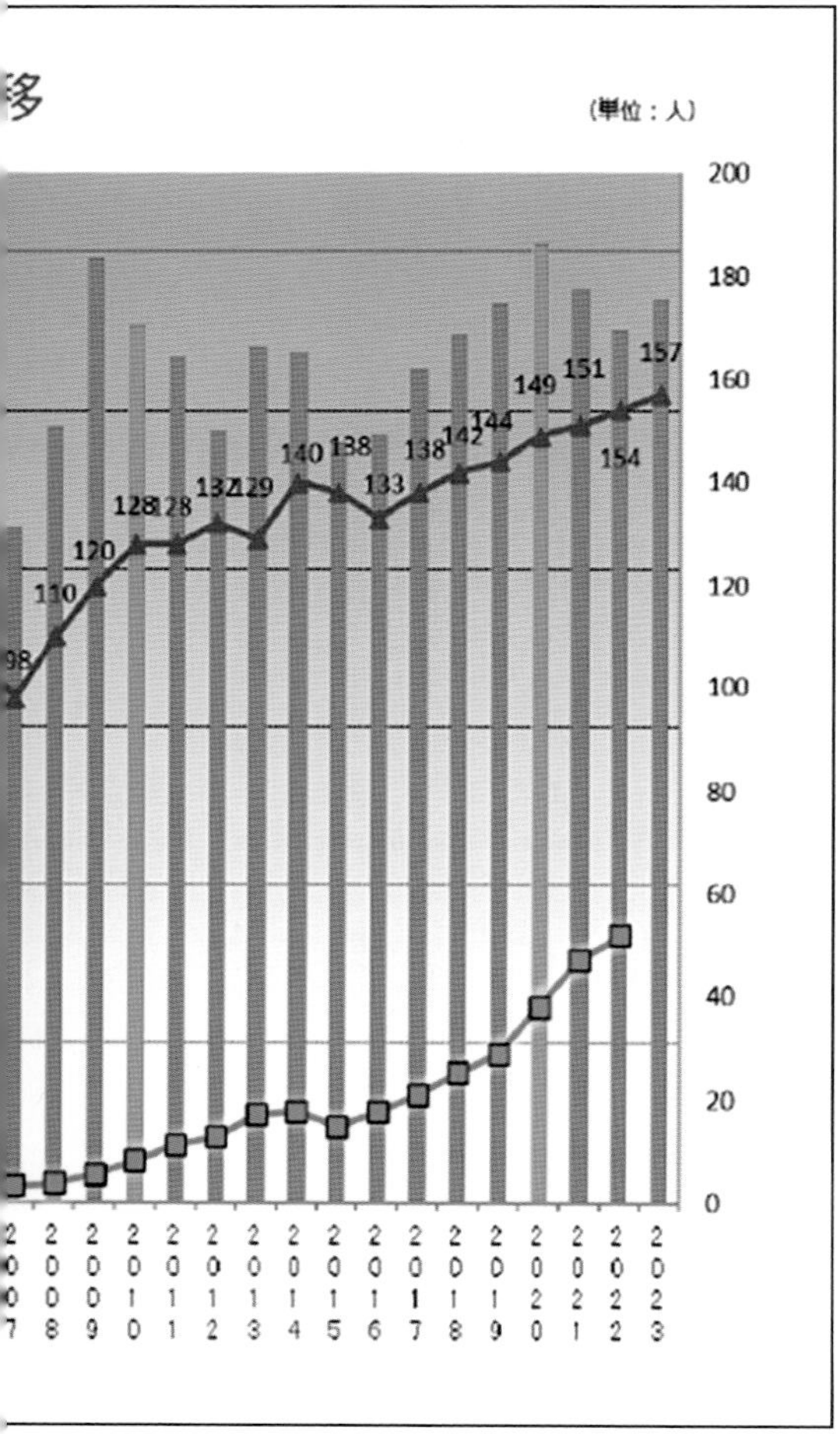

品質保証部門の組織強化
Ｖｉｓｉｏｎ２０３０構想立案
２０２２年１月　照明事業：大牟田活性化、産学官プロジェクト（松下デザイナーとのタイアップ）
４月　創業50周年事業プロジェクト
10月　創業50年記念日（25日）祝い
２０２３年７月　創業50年式典開催。社長交代：同族経営から組織経営への移行

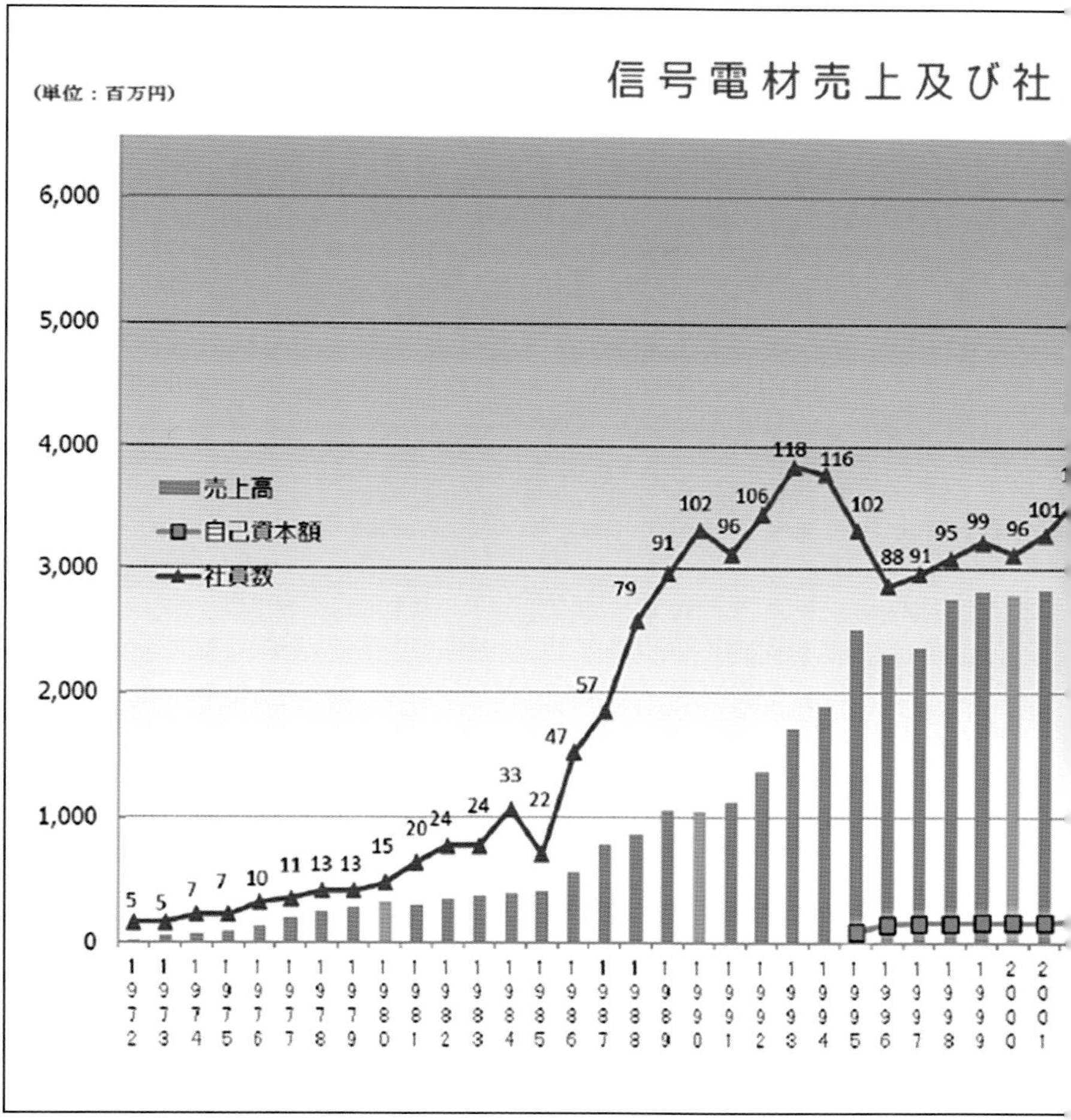
信号電材売上及び社
(単位：百万円)
売上高
自己資本額
社員数
6,000
5,000
4,000
3,000
2,000
1,000
0

信号電材株式会社　経営理念

コーポレートスローガン	**すすむをつくる。**
経営理念	**いつの時代も安全安心を創る** 私たち信号電材は、世に資するもの創り、こと創りを通じ、 「目の前の安全と、その先の安心の未来を切り拓く」人創りを行います。
ビジョン	社会の新たな価値創造につなげる 道路インフラワンストップソリューションカンパニー
行動規範	【　自ら動く　】自発的に考え、進取果敢に行動する。 【ビジョンを描く】ビジョン実現に向け、自ら目標を掲げて行動する。 【　挑戦する　】変化をチャンスと捉え、革新を期する。 【　諦めない　】熱意を持ってとことんやり抜く。 【　実現する　】三現主義の下、実現に向けた具体的な計画を持って実行する。 【　プロになる　】高度な専門知識・スキルを習得し、成果を出す。 【信用を重んずる】高潔な品性を持って規則を遵守し、真摯・確実に業務を遂行する。 【　共に育つ　】向上心を持って、共に学び、共に成長する。
社員心得	私たちは、固定観念にとらわれない発想で、素直に聴く耳と、 物事の本質を視る眼を養い、人と共に行動できる、そんな人を目指します。

SHINGO
信号電材株式会社

信号電材株式会社

■拠点

本社・大牟田事業所　〒 836-0061 福岡県大牟田市新港町 1-29

荒尾事業所　〒 864-0025 熊本県荒尾市高浜字柿原 1952-3

北海道営業所　〒 065-0033 北海道札幌市東区北三十三条東 14-6-23

東北営業所　〒 980-0013 宮城県仙台市青葉区花京院 1-1-6 Ever-i 仙台駅前ビル 403

東京営業所　〒 162-0814 東京都新宿区新小川町 9-27

中部営業所　〒 461-0004 愛知県名古屋市東区葵 2-3-22 ハウスアベニュー 2A

関西営業所　〒 578-0984 大阪府東大阪市菱江 6-11-13

中国営業所　〒 734-0022 広島県広島市南区東雲 3-15-7

九州営業所　〒 812-0013 福岡市博多区博多駅東 2-5-21 博多プラザビル 3F

■グループ会社

SDエンジニアリング株式会社
交通信号機、標識などの安全施設や、情報通信、照明関係の工事を手掛ける施工会社です。

SD Lighting 株式会社
信号電材株式会社が設立した照明メーカーです。

UTS上海
信号電材株式会社を母体とする貿易商社です。2008年に上海で設立し、信号機部品の輸出のほか、中国への販路を持ち、中小企業の中国進出支援事業を手掛けています。

株式会社ヒューマンコミットメントセンター
信号電材株式会社を母体とする人材派遣会社です。

あとがき

創業50年を機会に、社業を振り返り社誌を創っておきたいと考えはじめたのが2020年の9月頃である。『地方行政』という地方自治体向けの雑誌から企業紹介の執筆依頼があって、2021年2月初旬から5月末まで「地方で稼ごう」というコラムに7回連載させてもらった原稿がこの社誌の第1章となっている。その1章を柱にして、2章には、糸永一平会長はじめ責任者・OBの方々に、創業期の苦労や西日対策灯器・LEDへの挑戦、営業所開設の苦難等を記してもらい、3章には各部門長に「信号電材の未来」について、抱負を述べてもらった。そして4章では、私と次期社長である東川望専務とで、信号電材の「過去と未来」について、ざっくばらんに語り合った。読んでいただくとわかるが、一般的な「50年誌」に比べるといくらか親しみやすい「物語」になるように心がけたつもりである。

父・糸永嶢《たかし》が創業した1972年以来の50年を振り返ると、昭和、平成、令和の変遷と共にそれぞれの時代に対応して会社の体制も変化させ、生き残って来たのだなと改めて認識させられた。その初代のモットーが「世に資するものを創り続ける」ということであった。そのことを含め社誌として記録に残すことで、次世代に繋げていく糧として一つの役割を果たせたのではないかと感じている。

私が社長になって18年、初期の事業経営の苦しかった時代から自己資本も着実に積み上げ、業界における生産シェアも50％以上を確保するまでに成長できた。それは、グループ会社を含めた全社員の絶え間ない努力の賜物であると感じている。ＯＢ、ＯＧを含めた全社員にここに敬意を表したい。

「みんなよくやった、ありがとう！」

そして、未熟な経営者であったために数えきれないほどの多くの失敗があり、事業の危機的な事象にも直面してきた。ただ事業を進める中で、内外共に人と出会う事の喜びは、自分の大きな支えとなった。人との出会いに学びがあり、人と共に活動する中で助けられてきた。ここでそれぞれのお名前を上げることは難しいが、時代に応じお世話になった多くの方々に改めて謝意を評したい。

「ご指導ご鞭撻、真にありがとうございました」

令和となってまた、あらゆる価値観に変化が生まれている。令和2年初春から令和5年晩春までの約3年の間に気候変動は進みコロナ感染拡大とウクライナ戦争による東西対立（欧米対中露）がより色濃くなった。主要国における自国第一の保護主義が台頭し軍備強化に拍車が掛かり、反グローバル化（ナショナリズム）の壁が築かれ始めている。また、科学技術の進化も急激で、自動走行化における５Ｇ化やＡＩ技術も実用化され社会を変えていくのだろう。

これまでもそうであったように、時代の変化は常に急速であり予測はつかない。屋外インフラを生業とする我社は、「安全安心のあたりまえ」をテーマに組織経営に転換し、社員一人一人の意識向上を基に社業の永続性を進めたい。この社誌に学び、次の半世紀を社誌に出来るよう強かに生き抜いてもらいたい。

最後にひょんな出会いから、この社誌作成の無理難題を受けて戴いた、図書出版「石風社」代表である福元満治氏に何度も来社いただき、その打合せの後の焼き鳥屋「元禄」での一献は、和みの時間だった。

本書を通して「大牟田のしんごう屋」を多くの方に知ってもらえれば、社員の励みにもなると思っております。また、あまりの身近さゆえ空気のような存在になっている交通信号について、一般市民の皆様の理解が深まることになれば、交通信号業界の一員としても嬉しく存じます。

最後になりますが、これまで支えてくださった多くのみなさんに重ねて感謝いたします。

２０２３年7月

信号電材株式会社　代表取締役社長　糸永康平

糸永康平（いとなが　こうへい）
１９５５年福岡県大牟田市に生まれる。
１９７９年長崎総合科学大学卒業、
信号電材株式会社に入社。
１９９２年専務取締役、２００５年から
信号電材株式会社代表取締役社長。
SD Lighting 株式会社社長を兼務

世に資する　信号電材株式会社の50年

二〇二三年七月二十一日初版第一刷発行

編著者　糸永康平
発行者　福元満治
発行所　石風社
福岡市中央区渡辺通二―三―二十四
電話　〇九二（七一四）四八三八
ＦＡＸ　〇九二（七二五）三四四〇
http://sekifusha.com/

印刷製本　シナノパブリッシングプレス

ISBN978-4-88344-321-5 C0034